Gertrud Schupp

Applizieren
Schritt für Schritt

Gertrud Schupp

Applizieren

Schritt für Schritt

Technik und Modelle

BLV Verlagsgesellschaft
München Wien Zürich

CIP-Kurztitelaufnahme der Deutschen Bibliothek

Schupp, Gertrud:
Applizieren Schritt für Schritt:
Technik u. Modelle / Gertrud Schupp.
[Fotos: Autorin]. – München; Wien;
Zürich: BLV Verlagsgesellschaft, 1986.
   ISBN 3-405-13278-9

Foto Seite 2: Wandbehang »Blumenstilleben stilisiert«
(Metall-Look, geometrische Formen in Lurexstoffen und
Goldspitze), 100 × 125 cm

© 1986 BLV Verlagsgesellschaft mbH, München

Fotos und Titelfoto: Autorin
Zeichnungen: Waltraud Berger
Satz und Druck: Appl, Wemding
Bindung: R. Oldenbourg, München

Printed in Germany · ISBN 3-405-13278-9

Stoff – dies ist das Material, das jeden von uns täglich und tatsächlich hautnah begleitet. Applikationsarbeiten aus diesem vielseitig verwendbaren, griffigen Material herzustellen, bereitet reines Vergnügen, Bestätigung und Freude. Umgang und Berührung mit diesem weichen, geschmeidigen oder auch spröden, strukturierten Material, das in unglaublicher Vielfalt gemustert und koloriert ist, fördert den Sinn und das Gefühl für Formen, Farben und Strukturen.

Wandteppich »Blumenkorb stilisiert« (Rustikal-Look, geometrische Formen in Wollstoff und Baumwollspitze), 75 × 95 cm

In dem Kapitel »Die Suche nach Motiven« (Seite 14) findet sich eine Sammlung von Reizworten unterschiedlicher Interessengebiete, die die eigene Phantasie und das Formgefühl beflügeln können. Jeder Mensch hat seine bevorzugten, individuellen Farbvorstellungen. Das Kapitel »Stoffgebundene Farbauswahl« (Seite 25) gibt zusätzlich Hinweise auf Farbgesetze und Vorschläge für harmonische Farbgebung. Die handwerkliche Ausführung einer Applikationsarbeit wird an vielen Arbeitsbeispielen detailliert beschrieben.

Es fängt recht harmlos an mit dem Kapitel »Das Probierstück« (Seite 36), das an 4 verschiedenen Motiven alle Schwierigkeitsgrade der Applikationstechnik mit jedem nachvollziehbaren Handgriff vorstellt. Das sind reine Fingerübungen, die, oft genug wiederholt, zur handwerklichen Perfektion führen. Es folgen praktische Arbeitsbeschreibungen vom einfachen Set über Tischdecken, einer aufwendigen Tagesbettdecke bis hin zu kostbaren Wandteppichen mit vielen abpausbaren Motiven und Fotos. Hierbei werden die Vorbereitungsarbeiten wie Entwurf-Maßstabszeichnung, Vergrößern von Motiven und Herstellen von Zuschnittschablonen genauso detailliert beschrieben wie die praktischen, ausführenden Zuschnitt- und Verarbeitungstechniken.

Dem Leser wünsche ich, daß er mit freudiger Spannung und hochinteressiertem Engagement nicht nur die vorgenannten Themenkreise bewältigt, sondern auch die eigenen Qualitätsansprüche so steigert, daß er mit echter Freude das gelungene Endprodukt betrachten kann.

Gertrud Schupp

Tagesbettdecke »Tropische Fische«, 180 × 250 cm

Inhalt

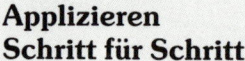

**Applizieren
Schritt für Schritt**

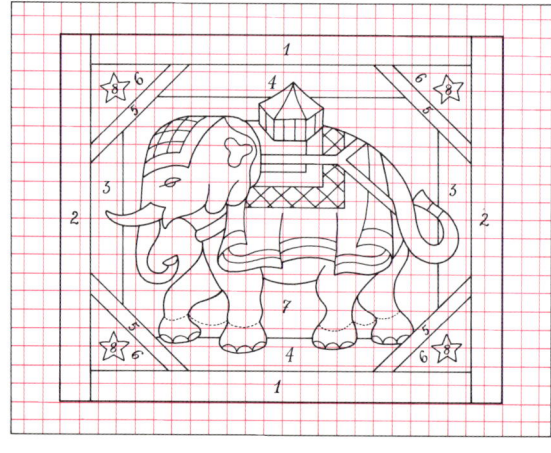

Inhalt

Wandteppich
»Tibetische
Gottheit«,
77 × 100 cm

Geschichte und Verbreitung

Die Applikationstechnik ist fast so alt wie die Gewebeherstellung und taucht in vielen Kulturen der Menschheit auf. Schon 500 v. Chr. schmückten die Buddhisten in China und Indien ihre religiösen Festgewänder aus kostbaren Brokaten zusätzlich mit applizierten Mystik-Ornamenten. Bis heute bedient man sich in Tibet dieser Technik. Es wurde z. B. 1970 in einem tibetischen Kloster ein 9 mal 12 m großer Buddha-Wandteppich (Tanka) feierlich eingeweiht. 50 Lamas hatten viele Monate an der kostbaren Seidenapplikation gearbeitet.

Die Reitervölker Zentralasiens nähten auf Zelte und Satteldecken dekorative, musterbildende Leder- und Stoffstücke. In Äypten wurden Totengewänder mit Darstellungen von Symbolzeichen benäht, in Mexiko farbenprächtige Decken mit applizierten Folklore-Motiven geschmückt. In Europa schufen höfische Werkstätten im Mittelalter applizierte Wandteppiche, bestickt und mit Goldkordel verzierten Konturen versehen. Die Standarten der Kreuzritter zeigten applizierte Insignien, und noch vor wenigen Jahrzehnten wurden, z. B. auf Vereinsfahnen, Symbole und Wappen aus Samt, Brokat und Seide aufgenäht.

Auch die berühmten nordamerikanischen Quilts des 19. Jahrhunderts sind häufig in Mischtechnik ausgeführt (Patchwork und Applikation), d. h., auf die nach traditionellen Mustern aus vielen Stoffstückchen hergestellten Bettdecken (wattiert und handgesteppt) sind verschiedene Motive, etwa Blumen, Vögel und Sterne, appliziert.

Heute nutzen Textilkünstler weltweit die modernen technischen Möglichkeiten und die Vielzahl der unterschiedlichsten Stoffarten, um in kreativer Vielfalt der Motive, der Farbkomposition und der Materialzusammenstellung wahre Kunstwerke in dieser uralten Traditionstechnik herzustellen.

Material, Werkzeuge, Hilfsmittel

Stoffe

Sie brauchen 1001 verschiedene Stoffe aller Webarten, Druckmuster und Farben, vom kleinsten Schnipsel bis zur Meterware. Es gibt eine Fülle von groß- und kleingemusterten Stoffen, mit Karos, Blumendessins, Streifen, Punkten und geometrischen Mustern. Sehr wichtig sind die unifarbenen Stoffe mit unterschiedlichster Oberflächenstruktur, z. B. Leinen, Pikee, Strickstoff, Jacquard-Gewebe, Brokat usw., und die Unistoffe mit stark glänzender Oberseite, z. B. Satin, Seidenduchesse, Chintz und gelackter Regenmantelstoff, farbig- oder gold-metallic beschichtet. Es gibt die zauberhaften Changeant-Seiden, das sind 2-Faden-Gewebe, die durch wechselnden Lichteinfall verschiedene Farb-Reflexionen zeigen. Die reizvollsten Wirkungen bei künstlerischen Produkten dekorativer Art entstehen durch kontrastreiche Zusammenstellung von z. B. Strick mit Leder auf Seide, Brokat auf Wolle oder Spitze auf Duchesse. Bei den Gebrauchsartikeln wie Bekleidung und Tischwäsche muß man aus Wasch-Gründen innerhalb eines Materials bleiben. Hierfür eignen sich feines Leinen, jeder Baumwollstoff und Batist.

Stoffauswahl

Grundsätzlich werden für Sets und Tischwäsche waschbare Baumwollstoffe, feines Leinen oder Batist verwendet. Speziell für Kinder-Sets eignen sich auch Baumwolljersey, Frottee und sogar abwischbare Lackstoffe. Für alle Artikel mit dekorativem Charakter wie Kissen, Wandteppiche und sogar Tagesbettdecken, die nur selten gereinigt werden müssen, können alle Prachtstoffe verwendet werden, da ihre Auswahl von der beabsichtigten Farbgebung abhängt (siehe auch Seite 25).

Neben den normalen Stoffgeschäften sind Reste-Wühltische, Taftfutter-Stände mit über 200 verschiedenen Farbnuancen und Schlußverkaufsangebote der Warenhäuser ergiebige Fundgruben für Ihre Wunschstoffe. Von Stoffen, die Ihnen spontan gefallen, sollten Sie sofort 10–20 cm kaufen. Mit der Zeit entsteht so ein schöner Vorrat von Stoffen Ihrer persönlichen Farben und Muster. Für ein einzelnes, bestimmtes Arbeitsstück genügt natürlich der Blick in Ihre Restekiste oder der gezielte Einkauf kleiner Stoffmengen. Außerdem geben Webereien, Druckereien, Zuschneidereien, Krawattenhersteller und die Konfektion häufig Fabrikreste oder Zuschnittabfälle preiswert ab. Da jeder Mensch seine eigene Farbpalette mit sich herumträgt – d. h., er hat Lieblingsfarben, nach denen er immer wieder greift –, sind eigene abgelegte Kleider, Pullis oder Vorhänge ideale typisch-farbene Stoff-Reservoirs. Von Weit-Weg-Reisen sollten Sie immer landeseigene Stoffe mitbringen: afrikani-

sche Folklore-Drucke, indische Madras-Karos, chinesische Uniseiden und Blumenbrokate oder balinesische Batikschals. Die exotischen Länder bieten die herrlichsten Zauberstoffe. Es ist das richtige Material, um die dort empfangenen Impulse in einen kostbaren Wandteppich umzusetzen. Allerdings sind sie oft nicht farbecht (indanthren). Ihre fertige Wanddekoration sollte also an einer sonnengeschützten Zimmerwand hängen.

Klebeeinlagen

Diese Einlagen haben eine beschichtete, schmelzbare Rückseite. Durch Aufbügeln auf die linken Stoffseiten verstärken sie auch das weicheste und dünnste Material und ermöglichen erst das korrekte Aufzeichnen und Ausschneiden der zu applizierenden Motive. Es gibt Klebeeinlagen aus Vlieseline und aus Gewebe in 3 Qualitäten (dünn, mittelstark, dick) und 2 Farben (weiß und schwarz).

Ägyptischer Wandbehang, 75 × 120 cm

Die Klebe-Vlieseline ist pergamentartig, sie gibt nicht nach und franst nicht aus. Sie eignet sich für alle kleinflächigen Motiv-Applikationsteile. Dabei soll sinngemäß die dünne Qualität für Batist, Taft oder dünne Seide verwendet werden, die mittelstarke für alle normal-dicken Stoffe und die dicke Qualität für Samte, Strickstoffe usw.. Dies ist nur ein genereller Hinweis, da es erfahrungsgemäß konträre Ausnahmen gibt. Bei undurchsichtigen Stoffen nimmt man grundsätzlich weiße oder naturfarbene Einlagen: Die Aufzeichnung der Motive mit Blei- oder Filzstift ist gut darauf zu sehen und daher leicht auszuschneiden. Bei durchscheinenden dunklen Stoffen, z.B. Batisten, muß man schwarze Einlagen nehmen und die Motive mit Weißstift oder Kreide aufzeichnen.

Die Klebeeinlage aus Gewebe ist weicher und gibt etwas nach. Sie eignet sich für große Flächen, z.B. für die patchworkartig zusammengesetzten Untergrundteile von Bettdecken und Wandbehängen. Für Randstreifen von Sets und Tischdecken verwendet man Klebe-Einlagen der Marke »Sanfor«, die durch den Waschvorgang nicht einlaufen.

Wattiermaterial (Füllung)

Die Wahl der Wattierung richtet sich nach dem Verwendungszweck bzw. nach der Oberstoffqualität. Die besten Erfahrungen habe ich mit *Watteline* und *Dacronwatte* (Polyestervlies) gemacht. Watteline ist ein dünnes, dehnbares, flauschiges Gewirk, für Bekleidungteile oder aufwendige Sets geeignet, die öfter gewaschen werden. Entweder wattiert man nur das Einzelmotiv oder die Sets ganzflächig, die dann karoartig abgesteppt und leicht gefüttert werden müssen. Auch Molton- oder Biberbettücher eignen sich als Wattiereinlage. Dacronwatte wird in verschiedenen Dicken und Härtegraden angeboten. Sie eignet sich vorzüglich für die Ganzwattierung großer Stücke.

Futter (Unterseite)

Alle wattierten Applikationsarbeiten müssen gefüttert werden. Dehnbare Materialien, die nachgeben und die Vorderseite nicht zusammenziehen, haben den Vorrang, z.B. dünne Baumwoll- oder Charmeuse-Jerseys. Unwattierte Sets oder kleine Mitteldecken füttert man höchstens aus Schönheitsgründen, damit auch die Rückseite einen erfreulichen Anblick bietet. Dann verwendet man Batist oder sehr feines Leinen aus derselben Materialzusammenstellung wie der Oberstoff. Schwere Wandteppiche kann man aus Stabilitätsgründen mit einer Rückseite aus Duvetine versehen.

Nähfaden

Für die angestrebte breite und sehr dichte Applikationsraupe ist das normale Baumwoll- oder Synthetikgarn für den Ober- und den Unterfaden (Nadel und Spule) sehr geeignet. Dazu nimmt man eine Maschinennadel der Stärke 80. Um bei dem schnellen, weiten Applikations-Zickzackstich die Kanten besser zu bedecken, verwendet man für den Oberfaden dicke Knopflochseide und eine Nadel der Stärke 100, für den Spulenfaden normales Synthetikgarn (Oberfadenspannung lockern!).

Nähmaschine

Eine gewöhnliche Haushaltsnähmaschine mit Zickzackstich reicht aus.

Scheren

Für die Stoffverarbeitung brauchen Sie 3 verschieden große Stoffscheren: eine große Schneiderschere für den Zuschnitt langer Stoffbahnen, Klebeeinlagen, Wattierunterlagen und Futterstoffe;

13

eine mittelgroße und eine kleine Schere für das Ausschneiden der zu applizierenden Motive. Diese Scheren dürfen nur für den Stoffzuschnitt benutzt werden. Wenn Sie Papier damit schneiden, werden sie schnell stumpf. Für die Papierverarbeitung brauchen Sie deshalb eigens 2 Papierscheren, eine große und eine kleine.

Bügeleisen

Sie brauchen ein einfaches Eisen ohne Dampfeinrichtung für das Aufbügeln der Klebeeinlagen auf die Stoffrückseiten. Dazu besorgen Sie sich bitte unbedingt eine Flasche Stahlfix, um den Belag auf der Bügelfläche des Eisens zu beseitigen, der erfahrungsgemäß nach längerem Gebrauch auftritt (oder ganz schlimm bei verkehrter Auflage, wenn die Schmelzseite plötzlich auf der Bügelfläche klebt!). Und Sie brauchen ein gutes Dampfbügeleisen für das Auseinanderbügeln der Nähte und für den »Schluß-Akt«: das Endbügeln des fertigen Werkes.

Stecknadeln

Für fast alle Arbeitsabläufe benötigen Sie sehr viele Stecknadeln. Sie sollen gut gleiten, die Art der Köpfchen ist nicht wichtig.

Zeichenmaterial

Zum Aufzeichnen und Übertragen von Schablonen, Nahtlinien u.ä. brauchen Sie weiche Bleistifte, farbige, dünne Filzstifte, Radiergummi, Spitzer, Zirkel, Rechten Winkel, 2 Lineale (30 cm und 100 cm lang). Dann Kanzleibögen (DIN A 2 = 42 × 60 cm groß, 5 mm kariert), durchsichtiges, weißes Transparentpapier, Durchpauspapier (Blaupapier), Tesafilm und dünne, weiße Pappe oder Karton (gibt es in Bögen 60 × 100 cm).

Die Suche nach Motiven

Am Anfang steht die Überlegung, für wen Ihr textiles Kunstwerk gedacht ist: ob für Sie selber, Familienmitglieder oder Freunde. Applikationsarbeiten sind für individuelle Geschenke besonders geeignet, denn das Interessengebiet des Empfängers bestimmt bereits Motivwahl, Stilrichtung und Farbgebung. Das Motivangebot ist so vielseitig und riesengroß, daß es nur durch Aufgliederung in den Griff zu bekommen ist.

Drei große Motivgruppen werden hier vorgestellt mit vielen Beispielen und »Fundgrube«-Hinweisen.

▷ Einfache Einzelmotive für Kinder: für Latzhosen, T-Shirts, Baby-Overalls und -Schlafsäcke, Sets, Kissen, Bettdecken, Vorhänge und Wandbehänge.

▷ Einfache bis schwierige Einzelmotive für Erwachsene: für Pullis, Anoraks, Röcke, Schürzen, Sets, Tischwäsche, Bettdecken und Wandbehänge.

Mond-Sterne-Set (Verarbeitung wie Apfel-Set, Seite 44)

Sonne-Wolken-Set

gruppen erzielt werden und über Vorhänge und Bettdecken ziehen. In den ersten Papp-Bilderbüchern für die Kleinsten, auf Quartett- und Quiz-Spielkarten sind lustige Tier- und Spielzeugmotive in einfachen, dekorativen Formen und klaren Farben dargestellt. Sie sind leicht durchzupausen und auf die für Ihren Verwendungszweck richtige Größe zu bringen. Z.B. soll der Teddy für ein Set ca. 8 cm groß sein und in der linken oberen Ecke sitzen, damit man ihn bei Gedeckauflage noch sieht. Für ein Kissen oder den Wandbehang (Seite 22) muß er etwa 24 cm groß sein. Das Vergrößern bzw. Verkleinern von Motiven ist also Voraussetzung, um die Fülle des Motivangebots auszuschöpfen und zu realisieren. Das Verfahren ist denkbar einfach und leicht zu lernen. Es wird auf Seite 46 ausführlich beschrieben.

Die seit jeher einfachste Form, einen Wandbehang herzustellen, besteht darin, schöne Einzelmotive auf ca. 30 × 30 cm große Quadrate zu applizieren, diese mit oder ohne andersfarbige Zwischenstreifen zusammenzunähen und mit einem dekorativen Rand zu versehen. Aus allen folgenden Einzelmotiv-Vorschlägen können Sie also auch Wandbehänge zaubern. Da gibt es die altbekannten Kinderlieblinge wie Max und Moritz, Struwwelpeter, die Clowns, Kasperles und alle Märchenfiguren, die den bekannten Märchenbüchern entnommen werden können. Ein unerschöpfliches Kindermotiv-Reservoir sind die TV-Zeitschriften mit den Abbildungen der geliebten Mainzelmännchen, Schlümpfe, Micky-Mäuse, Pinocchios und-und-und. Und natürlich gibt es den Weihnachtsmann mit Tannenbaum, Kerzen, Engeln und Sternen, in Rot, Grün und Gold ideal für kindliche Weihnachtsdecken und Sets. Der Osterhase mit bunten Eiern im Nest ist die Frühlings-Variante. Motiv-Vorlagen sind auf entsprechendem Geschenkpapier, Postkarten, in Büchern und in Sonderheftbeilagen zu entdecken.

▷ Schwierige, fantasievolle, vielformige Gruppenmotive: Ideen für Stoffbilder, Bettdecken und Wandteppiche unterschiedlichster Stilrichtungen.

Wenn es Sie einmal gepackt hat, finden Sie die gewünschten Motive überall, in Büchern, Illustrierten, Lexika, Ausstellungskatalogen, Warenhausprospekten, auf Geschenkpapier, Plakaten, Postkarten, Fotos, Bildern und natürlich auf den Musterbögen von Bastel- und Handarbeitsheften und Frauenzeitschriften. Die Sonderausgaben zu Ostern und Weihnachten sind besonders ergiebig. Es lohnt sich, interessante Motive und Ornamente sofort auszuschneiden und über längere Zeit zu sammeln. So entsteht ein Ideen-Archiv, aus dem Sie immer wieder schöpfen können.

Einfache Einzelmotive für Kinder

Die »Ur«-Motive Sonne, Mond, Sterne und Wolken sind besonders vielseitig verwendbar. Alle Bekleidungsteile und Heimtextilien kann man damit schmücken. Ganze Sonnensysteme und Milchstraßen können durch verschieden große Sternchen-

17

Baby-Schlafsack mit Mond-Sterne-Wolken-Motiven

Einfache bis schwierige Einzelmotive für Erwachsene

Die floralen Muster, stilisierte Tulpen, Rosen und Margeriten (Bauernmöbeldekors in Fachbüchern!) kann man als Einzelmotive auf Sets, Pullis oder Kissen applizieren und aneinandergereiht, locker durch Blätter miteinander verbunden, auf Tischdecken und Läufer setzen. Sehr hübsch sind auch aufgenähte Bänder und Schleifen als Verbindungselemente. Diese einfachen Blumen-Grundformen bieten unendlich viele Variationsmöglichkeiten. Verkleinert und durch Ranken, Blätter und Schleifchen komplettiert, lassen sich die Blüten zu zierlichen Sträußen arrangieren. Sets mit einem einzelnen Bouquet in zarten Frühlingsfarben oder Tischdecken aus mehreren Sträußen zusammengesetzt, aus kleingemustertem Material gearbeitet und Ton-in-Ton gehalten, sind noble, gefragte Geschenke für Anspruchsvolle. Dieselben Grundformen vergrößert und mit Blumenkorb zu einem Gesteck komponiert, aus feinkariertem, beigem Leinen und weißer Baumwollspitze hergestellt, werden zur aparten Mitteldecke. In kräftigen Farben auf dunklem Untergrund wirkt derselbe Blumenkorb fröhlich-rustikal.

Zu Weihnachten gibt es die festliche Tischwäsche: pastellfarbene Tannenbäume und Sterne auf weißem Grund.

Beliebt und dekorativ für Sets, Kissen und Decken sind Früchte, z.B. Apfel, Birne und die attraktive Ananas, oder einzelne große Blätter (Eichen-, Linden-, Klee-, Ahorn- oder Kastanienblatt) oder Pilze, Bäume oder Vögel(!), die als Kissen-Motive sehr eindrucksvoll sind.

Schürzen sind dankbare Träger für Küchenmotive: mit Schleifchen gebundene Kochlöffel, Töpfe, Suppenterrine mit nostalgischem Touch und noch viel mehr Motive finden Sie oft in Kaufhausprospekten. Hier können Sie auch lustige Gags an-

Mitteldecke »Blumenkorb«, 70 × 70 cm

bringen, z.B. das umgefallene Glas mit Rotweinlache oder die Bratwurst auf Holzteller mit Senfkrug (auch für Imbiß-Sets geeignet).

Mein Tip

Es gibt eine bequeme Verarbeitungstechnik, um große Flächen (Vorhänge, Tischdecken) schnell mit raffiniert aussehenden Applikationen zu schmücken. Man bekommt im Handel Baumwoll-druckstoffe mit wunderschön gezeichneten Blumendessins. Schneiden Sie die größten Blumen korrekt aus (vorher die Stoffrückseite mit Klebevlieseline verstärken!) und applizieren Sie sie mit weitem Zick-Zack-Stich auf Röcke, Fensterschals oder Tischdecken, wahllos verstreut oder zu neuen Arrangements zusammengesetzt. Sehr große Blumen leicht wattieren und an den Innenlinien absteppen.

Kinder-Wandbehang, 90 × 130 cm

Zu den einfachen Formen gehören auch die Tierkreiszeichen, weil sie meist unkompliziert und plakativ sind. In Illustrierten sieht man sie oft auf der Horoskopseite. Auch alle heraldischen Ornamente, Insignien (Bourbonen-Lilie, Dreizack-Krone), Städte- und Staatswappen (in Lexika und Reiseprospekten zu finden) sind dekorativer Applikationsschmuck für T-Shirts und Anorakrücken (Pop-Motive von Schallplattenhüllen übernehmen!). Zu dieser Motivgruppe gehören auch

Schriften und Zahlen. Zu Jahresfeiern können Sie Sets, Kissen oder posterartige Wandbilder mit Namenszügen, Geburtstagsdaten oder einfach den verschlungenen Initialen verschenken. Auf Bettdecken können die Buchstaben ruhig riesig groß sein (ca. 20 cm hoch), auf Kissen und Sets aus technischen Gründen nicht kleiner als ca. 5 cm hoch. Wie wäre es z. B. mit einer prächtigen Hochzeitsbettdecke aus weißem Waffelpikee mit den Namen und dem Hochzeitsdatum der Empfänger

Kissen »Micky-Maus«, 70 × 70 cm

Applizierte Schriften

Ente aus einem Kissen

und »sweet dreams« aus Spitzenstoff appliziert, mit verstreuten, kleinen und großen, rosa Batistherzchen bedeckt und einem breiten Spitzenvolant versehen? Dick wattieren und absteppen! Besonders reizvoll sind hier die nostalgischen Schriftzüge, wie man sie auf Jugendstil-Plakaten sieht (mittels Transparentpapier durchzeichnen, vergrößern und Pappschablonen machen).

Es gibt noch viele Motivgruppen, die sich für Sets, Kissen und für besonders stilvolle, bildtafelartige Wanddekorationen anbieten (hier sind die zusammengesetzten Einzelmotive gemeint, wie es für Kinder-Wandbehänge beschrieben worden ist). Es sind Tips für den versierten Könner mit ausgeprägtem Sinn für Details und viel Zeit. Ein Beispiel: Es gibt herrliche Fachbücher mit exquisiten Drucken farbenprächtiger, exotischer Schmetterlinge. Pausen Sie 9–12 verschiedene Exemplare detailgetreu mit allen spezifischen Merkmalen ab. Vergrößern Sie sie je auf ca. 30 cm Breite und applizieren sie mit der typischen Farbgebung aus leuchtender Seide auf schwarzen Samt oder weiße Glanzduchesse. Wenn Sie die 40 × 30 cm großen Rechtekke durch weiße oder schwarze Streifen miteinander verbinden, so entsteht ein Kasteneffekt, und dieser aparte Wandschmuck wirkt wie eine überdimensionale Schmetterlingssammlung. Dick wattie-

ren und den Konturen entlang absteppen! Der Clou ist der goldgestickte, lateinische Artenname unter jedem Schmetterling (Maschinenstickereien übernehmen so etwas). Natürlich können Sie auch einen einzelnen Lieblingsschmetterling als Kissenmotiv verwenden oder, in einen ovalen Holzrahmen gespannt, an die Wand hängen. Viele Interessengebiete können nach diesem Rezept verwertet werden.

Hier folgen als Anregung noch einige Sammelbegriffe in Stichworten: tropische Fische, perlmuttfarbene Muscheln, Orchideen, Prachtvögel, (Papagei, Paradiesvogel, Pfau) Staats- und Städtewappen, Nationalflaggen, Schützenvereinsfahnen, Musikinstrumente, Bäume usw. Bedenken Sie bitte, daß die Wirkung Ihrer Arbeit von der Akkuratesse der Zeichnung und der Ausführung lebt. Ein gutes Fachbuch mit ausgezeichneten Illustrationen ist wichtige Voraussetzung.

Kissen »Tukan«, 50 × 50 cm

Schwierige, fantasievolle, vielformige Gruppenmotive

Dies ist mein Lieblingsthema, weil es so ungeheuer vielseitig und kreativitätsfördernd ist. Bisher ging es um das Abpausen und Vergrößern von Einzelmotiven, jetzt wird Ihr persönliches Schöpferpotential gefordert. Dem kann man nachhelfen: Bestimmte Reizworte können eine ganze Ideenflut auslösen. Vielleicht interessieren Sie sich für afrikanische oder mexikanische Folklore, für indianische oder ägyptische Symbolzeichen, europäische, mittelalterliche Handschriften, für persische oder indische Miniatur-Buchmalereien, japanische Farbholzschnitte oder chinesische Blumenmalerei und Schriftzeichen? Alle Ornamente alter Kulturen mit ihren herrlichen Farben eignen sich für Ihre Traumdecke oder Ihren Wunsch-Wandteppich. Oder lieben Sie naturalistische oder stilisierte Blumenstilleben, romantische Landschaften oder naive Bauernmalerei, weiche Jugendstil-Ornamente oder strenge art-deco-Dessins? Alle diese Ideen-Vorschläge sind verwertbar und realisierbar. Versuchen Sie, möglichst authentisch in Ornament und Farbgebung zu sein. Bleiben Sie in der typischen Stilrichtung. Verlieben Sie sich in interessante Details (Fachbücher!). Je mehr Sie dies befolgen, desto größer wird Ihre Freude schon bei der Arbeit Ihres textilen »Wunderwerks« sein.

Stoffgebundene Farbauswahl

Die Wirkung einer geglückten Applikationsarbeit beruht meistens auf der harmonischen Farbkomposition. Entweder ist der Entwurf für die geplante Tisch- oder Bettdecke bereits fertig und wird der Motivwahl entsprechend mit stilgerechten Farben versehen, oder es schwebt eine bestimmte Farbvorstellung vor, die in eine zeichnerische Form gebracht werden muß. In jedem Fall ist es hilfreich, ein Konzept über die Hell-Dunkel-Effekte, über die Verteilung und Menge der gewünschten Farben aufzustellen. Bestimmte Gesetze der Farbenlehre und erprobte Farbrezepte helfen, die Harmonie der Farben untereinander herzustellen.

Die Farbanlage eines Entwurfs wird von 3 kombinierbaren Gruppen bestimmt:
▷ Hell-Mittel-Dunkel-Effekt (Schattierungen),
▷ Qualität = Intensität der Farbe (leuchtend/gedämpft, warm/kalt),
▷ Quantität = Mengenanteile der Farbe (viel/wenig).

In dieser Reihenfolge legt man zuerst die Lage der hellen, mittleren und dunklen Töne fest, dann folgt die Grobkolorierung und schließlich die Feinverteilung der Farben auf große oder kleine Einzelteile der zu applizierenden Motive.

Hell-Mittel-Dunkel-Effekt

Eine Applikationsarbeit beruht auf dem Prinzip: applizierte Motive auf einteiligem oder mehrteiligem Untergrund. Es muß also zuerst der Kontrast zwischen dem Untergrundstoff und den darauf liegenden Motiven bestimmt werden. Hierfür gibt es drei Möglichkeiten:
▷ heller Grund mit mittleren und dunklen Motiven,
▷ mittlerer Grund mit hellen und dunklen Motiven,
▷ dunkler Grund mit hellen und mittleren Motiven.

Der Abstand zwischen den einzelnen Tonstufen sollte möglichst gleich groß sein. Je nach Anzahl der Tonstufen zwischen Hell und Dunkel sind die Übergänge klar und hart oder weich und verwischt. Erfahrungsgemäß wirken 5 Abschattierungsstufen harmonisch und ausgewogen (siehe Tischdecke Seite 71). Erst nach dieser Hell-Dunkel-Entscheidung folgt die Farb-Überlegung.

Kissen »Schmetterling«, 50 × 60 cm

Qualität = Intensität der Farbe

Sie kann durch bestimmte Zwischentöne gesteigert oder abgeschwächt werden. Die drei *Grundfarben* sind Gelb, Rot, Blau, ihre Mischfarben sind Orange, Violett, Grün. Sie zeigen sich mit allen Übergängen im Farbspektrum des Regenbogens. Zu einem geschlossenen Kreis gebogen, liegen sich die konträren Kalt-Warm-Farben gegenüber. Sie heißen *Komplementärfarben*, z.B. kaltes Türkisblau und warmes Orangerot. Wenn diese Farben nebeneinander liegen, steigern sie sich gegenseitig zu greller Dissonanz. Sie müssen »entschärft« werden. Das geschieht erstens durch sanfte Abschattierungen innerhalb einer Farbe, z.B. wird ein mittleres, leuchtendes Rot von weichen hellroten und dezenten dunkelroten Tönen flankiert, und zweitens durch gedämpfte Übergänge von einer Grundfarbe zur anderen. Der Weg von Orangerot zu Türkisblau führt entweder über Gelb und Grün oder, dem Farbenkreis folgend, über Rot, Violett und Blau zum Ziel. Die angestrebte Farbanpassung ist durch Mischtöne der »unbunten« Farben zu erreichen (Weiß, Grau, Schwarz). Nach der Festlegung der Hell-Dunkel-Akzente und der allgemeinen Farbanlage folgt nun die Verteilung der Farben auf große oder kleine Flächen des Untergrunds und der Motive.

Quantität = Mengenanteile der Farbe

Die Mengenanteile heller oder dunkler, intensiver oder gedeckter Farben können entweder gleichmäßig ausgewogen über die ganze Fläche eines Entwurfs gehen, oder es können asymmetrische Hell-Dunkel-Betonungen oder Farbschwerpunkte gesetzt werden. Großflächige, hell-leuchtende Mittelmotive auf weichem Untergrund, der zu den Rändern hin immer dunkler wird, erzeugen den »Glüh«-Effekt. Dunkle Blätter- und Blütenzweige auf großen, hellen Untergrundflächen wirken zart und silhouettenhaft. Mehrmals auf- und abschwellende Farbschattierungen, diagonal von einer Ecke zur anderen in dunklen, blaugrünen Farbtönen mit kleinen, komplementären gelb-roten Korallenmotiven appliziert, erinnern an geheimnisvolle Meerestiefen. Die winzige Menge einer hellen, leuchtenden Farbe wirkt besonders stark in der großflächigen Umgebung müder, matter, diffuser Farbtöne, z.B. ein schmaler Streifen von intensivem Schock-Pink inmitten trüber, fahler, rotbrauner Felder, oder 1 qcm strahlendes Zitronengelb innerhalb gedeckter, grün-blau-violetter Flächen.

Das sind aufregende optische Effekte, nur hervorgerufen durch den Gegensatz von Qualität zu Quantität der Farben. Mit diesen drei »Rezept«-Vorschlägen kann beliebig variiert und jongliert werden, um eine individuelle Farbzusammenstellung des Applikationswerkes zu erreichen.

Nun wird der erprobte, praktische Weg zur Ausbeute und Fixierung der Farbidee gezeigt. Für eine geplante Tischdecke bietet sich ein heller Untergrund mit pastellfarbenen Motiven an. Zuerst werden alle in Material und Farbe hierfür passenden Stoffe ausgesucht. Der gewählte Untergrundstoff wird ausgebreitet und mit Schnipseln aller anderen Stoffe in der ungefähren Größe der Applikations-Einzelteile belegt. Nach den oben angeführten Tips wird so lange geprüft, verglichen und ausgetauscht, bis die endgültige, zufriedenstellende Farbkomposition feststeht. Die so gefundenen Stoffe können jetzt der produktiven Verwertung zugeführt werden (sprich: der Zuschnitt kann beginnen!).

Die vorschwebende Farbvorstellung für ein Großprojekt (Bettdecke oder Wandteppich) kann durch vielerlei Eindrücke inspiriert worden sein: durch zarte Frühlingslandschaften, Herbstlaub, lehmige

Kissen »Muschel«, 40 × 40 cm

Erdtöne; oder durch aktuelle, frisch-freche Mode-farben, durch Bilder Alter Meister mit noblen, pati-nierten Farben; oder durch Kleinstadtstraßen mit regennassem Pflaster in perlmuttfarbenen Grau-tönen und verwitterten, creme-gelb-roten Ziegel-steinmauern. Die Realisierung dieser Eindrücke wird fast zum Malen, statt mit Ölfarben mit Stoffen. Der Unterschied ist augenfällig: Ölfarben sind »uni«, sie müssen gemischt werden, um Zwischen-töne zu erhalten. Der Stoff ist dagegen gemustert oder strukturiert, und die Mischtöne sind bereits gegeben. Durch Nebeneinanderhalten, Prüfen, Ausscheiden und Entscheiden wird die Auswahl der Ideal-Farben erst ermöglicht.

Für große Flächen können einzelne, fehlende Farbschattierungen selber hergestellt werden: Wenn z.B. zwischen Weiß und Grün der verbin-dende Zwischenton fehlt, fertigt man aus diesen Stoffen einen abwechselnd weiß- und grünge-streiften Stoff an (Streifenbreite ca. 1–1,5 cm). Ein-tönig wirkende Flächen können durch regelmäßig verstreute Punkte erfolgreich belebt werden (Punkt 0,5 × 0,5 cm Applikationsraupe).

Angenommen, die Wunschvorstellung für den ge-planten Wandteppich besteht aus warmen Altrosa-Gold-Mokka-Tönen und kalten, silbergrau-lind-olivgrünen Farbakkorden, dann passen alle Zwi-schenstufen der »unbunten« Farben dazu, von Weiß-Sahne-Beige bis Grau-Braun-Schwarz. Alle Stoffe dieser Farbrichtungen, egal, welchen Mate-rials, ob unifarben, gemustert oder strukturiert, werden auf dem gewählten ein- oder mehrteiligen Untergrundstoff versammelt und zu einem locke-ren Haufen aufgebauscht (hierfür ist aus Platzgrün-den der Fußboden besonders geeignet). Es ist ein reines Vergnügen, durch Verschieben und Um-schichten der einzelnen Stoffe immer wieder neue, verblüffende Farbkombinationen, Abstufungen und ungewöhnliche Übergänge zu entdecken. Be-sonders schöne Farbzusammensetzungen sollten sofort fixiert werden: Auf einem kleinen Stück des Untergrundstoffes werden abgeschnittene Stoff-schnipsel der entsprechenden Farbzusammenstel-lungen nebeneinander aufgesteckt. Das ist dann die Farbpalette, die später als Unterlage für den Zuschnittplan dient.

Kissen »Papagei«, 70 × 70 cm

Applizieren Schritt für Schritt

Die Grundtechniken

Applizieren ist das Aufnähen von – aus verschiedenfarbigen Stoffstückchen zusammengesetzten – Motiven auf einen Untergrundstoff. Das kann entweder mit der Hand geschehen (= traditionelle Arbeitsweise) oder mit der Nähmaschine (= moderne Arbeitsweise).

Alle Arbeiten in diesem Buch sind in der maschinellen Applikationstechnik ausgeführt. Die herkömmlichen Sticharten der Handarbeitstechnik werden daher nur der Vollständigkeit halber kurz vorgestellt.

Applizieren mit der Hand

Das Applizieren mit der Hand ist schön und kostbar, aber auch langwierig. Für den Anfänger bietet es sich vor allem für kleinere Arbeiten an. Die aufzunähenden Motive sollten einfach in der Form und nicht zu klein sein.
Mit folgenden Handstichen können die Motive aufgenäht werden:
▷ Überwendlingsstich, ▷ Hexenstich,
▷ Langettenstich, ▷ Kettenstich.

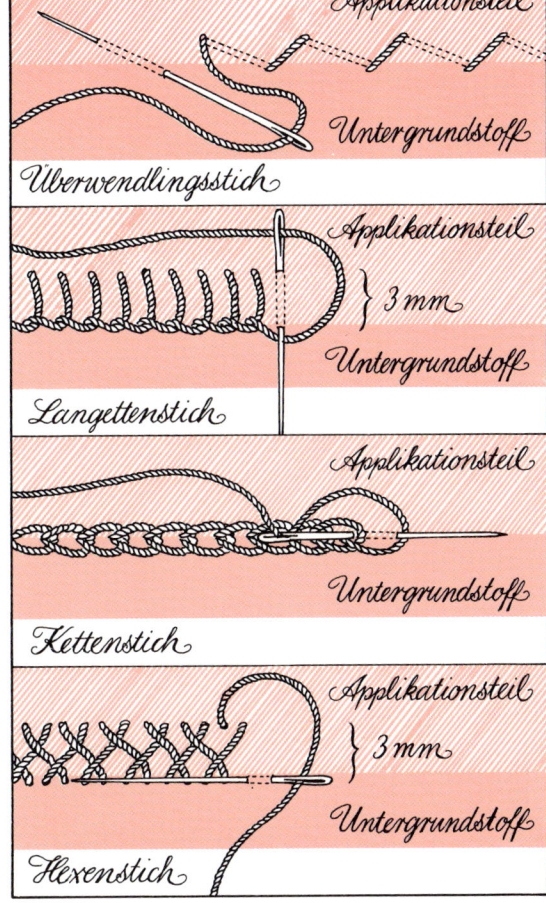

Applikationsteil
Untergrundstoff
Überwendlingsstich

Applikationsteil
} 3 mm
Untergrundstoff
Langettenstich

Applikationsteil
Untergrundstoff
Kettenstich

Applikationsteil
} 3 mm
Untergrundstoff
Hexenstich

31

sind der orangefarbene Kern mit roten Hexenstichen, die gelben Blütenblätter mit weißen Langettenstichen und die grünen Blätter mit grünen Kettenstichen aufgenäht.

Das Stickgarn richtet sich nach der Stoffqualität. Je nach dem Verwendungszweck wählen Sie für Sets feines Leinen und dazu Perlgarn oder Sticktwist. Für Deckchen und Kissen aus Seide oder Wolle gibt es Stickseide oder Zephirwolle. Lassen Sie sich im Fachhandel beraten.

Die Vorbereitungsarbeiten bis zum eigentlichen Aufnähen der Motive sind für Handarbeitsapplikation und Maschinenapplikation gleich. Sie finden diese technischen Arbeitsabläufe detailliert im Kapitel »Das Probierstück« (Seite 36).

Mein Tip

Wenn Sie noch ungeübt sind und schnell einen dekorativen Wandbehang herstellen wollen, dann machen Sie doch aus der Not eine Tugend: Nähen Sie z.B. grobe, ausgefranste Sackleinenstücke, auch maschenlaufende Strickstoffe (alte Pullis) mit unregelmäßigen überwendlichen Stichen offenkantig auf, möglichst verzogen oder mit kleinen Falten, das geht schnell und verstärkt den spröde-naiven, liebenswert unperfekten Kinderhandarbeits-Charakter. Die entsprechenden Motive finden Sie in den Zeichnungen Ihrer Sprößlinge und in jedem Bilderbuch: großflächige Häuser, Bäume, Blumen, Wolken, Eisenbahn und Tiere eignen sich sehr gut hierfür. Die Farbgebung ist hier reizvoller, wenn sie nicht zu ausgewogen und harmonisch ist. In dem Kapitel »Suche nach Motiven« (Seite 14) und den dargestellten Arbeitsbeispielen finden Sie weitere Anregungen.

Wenn Sie dagegen ein fortgeschrittener Handarbeits-Fan sind, bietet die Applikationsstickerei unglaubliche Möglichkeiten, um Fantasie und Kreativität herauszufordern. Es gibt kostbare Wandteppiche großer Textilkünstlerinnen mit

Der Überwendlingsstich (von links nach rechts die Kanten überstechen) verlangt allerdings, daß die Kanten vor dem Aufnähen ca. 4 mm nach innen umgebügelt werden, damit der Stoff nicht ausfranst.

Langetten-, Hexen- und Kettenstich bedecken die Kanten besser, sie müssen nicht umgebügelt werden, sondern können »offenkantig« bleiben.

Besonders reizvoll ist eine Kombination mehrerer Zierstiche, vor allem, wenn Sie verschiedenfarbige Garne verwenden. Bei der abgebildeten Margerite

Tagesbettdecke
»Paradiesvogel«,
180 × 250 cm

landschaftlichen oder gegenständlichen Motiven, aus unterschiedlichsten Materialien, z.B. Brokat, Leder, Netz-Stoffe, Goldspitzen, mit altbekannten und erfundenen Stickstichen und Kordeln benäht und mit Perlen, Glassteinen und Pailletten bestickt.

Applizieren mit der Nähmaschine

Das Applizieren mit der Maschine ist schön, haltbar und (je nach Sticheinstellung) relativ schnell. Jede normale Haushaltsmaschine mit Zickzackstich kann benutzt werden.

Der Geradstich geht am schnellsten. Er eignet sich allerdings nur für das Aufnähen von Stoffteilen mit langen, geraden oder höchstens schwach gebogenen Linien, da die Kanten vorher ca. 4 mm nach innen umgebügelt werden müssen, um nicht auszufransen. Farbige Unterteilungsstreifen auf Tischdecken werden z.B. knappkantig so aufgenäht.

Der Zickzackstich ist ideal und vielseitig verwendbar. Durch die dichtere Abdeckung der Kanten können vielformige Motive offenkantig, d.h. ohne vorheriges Umbügeln der Kanten, aufgenäht und damit gleichzeitig versäubert werden. Das Einstellen der Zickzack-Stichlänge und -breite richtet sich nach der Stoffqualität bzw. nach dem Verwendungszweck. Für Tischwäsche aus leichtem Batist, feinem Leinen oder dichtgewebtem Popelin können Sie einen schmalen und weiten Zickzackstich verwenden. Weiche Wollstoffe müssen mit mittelbreitem und engerem Stich aufgenäht werden. Dicke, locker gewebte oder leicht fransende Stoffe, z.B. grobes Leinen, Strick, Brokat, Samt, die für Wandteppiche sehr attraktiv sind, sollten mit dem breitesten und engsten Stich appliziert werden.

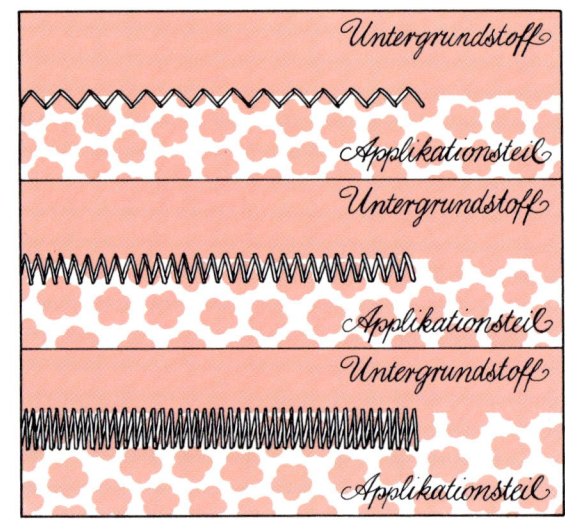

Die meisten modernen Nähmaschinen verfügen über ein umfangreiches Zierstichprogramm. Auch viele dieser Schmuckstiche können für Applikationsarbeiten verwendet werden, z.B. Hexenstich, Muschelkantenstich, Zierelasticstich usw. Es macht Spaß, diese Sticharten auszuprobieren.

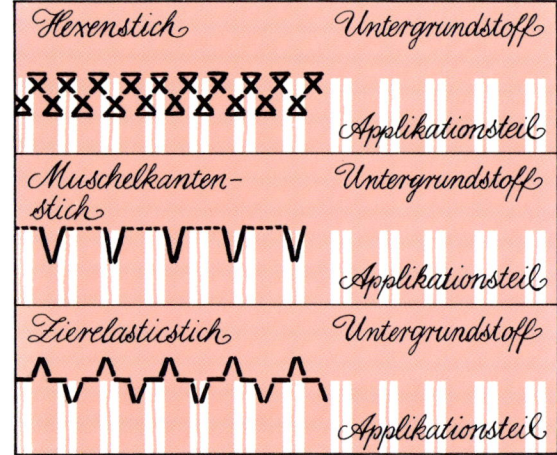

Tagesbettdecke »Vogel Ba« (ägyptische Grabbeigabe), 220 × 250 cm

Mein Tip

Ich bevorzuge bei meinen Arbeiten einen 3 mm breiten, sehr engen Zickzackstich (2 Stiche auf 1 mm = knapp vor dem Nähen auf der Stelle). Das Ergebnis ist eine dichte, geschlossene, leicht erhabene Raupe. Optik und Haltbarkeit sind bei dieser Verarbeitungstechnik optimal (sie wird ausführlich auf Seite 39 »Das Applizieren« beschrieben).

Sehr nützlich für diese Technik – aber nicht unbedingt erforderlich – ist die Haushalts-Nähmaschine mit dem »doppelten Stofftransport«. Er transportiert das Material gleichzeitig von oben und von unten und verhindert dadurch beim engen Zickzackstich das Hängenbleiben auf der Stelle, beim Geradstich das Verschieben der beiden Stofflagen.

> Voraussetzung für ein korrektes Aufzeichnen, Ausschneiden und Applizieren der Motive ist das Aufbügeln stoffverstärkender Klebeeinlagen auf die Stoffrückseiten. Ebenso muß der Untergrundstoff mit Klebvlieseline verstärkt werden, um ein Zusammenziehen durch die Applikationsraupe zu verhindern.

Orchideen (Detail aus dem Wandbehang »Urwald«, Seite 94)

Das Probierstück

Ich unterstelle, daß Sie eine Nähmaschine bedienen können, aber noch nicht appliziert haben. Daher ist es Voraussetzung, daß Sie ein Probierstück anfertigen. Ich habe 4 Elementformen zusammengestellt, die tatsächlich alle Schwierigkeitsgrade der Applikationstechnik enthalten. Es sind:

Das Viereck   Geübt werden die gerade Linie und der rechte Winkel.

Der Kreis   Geübt wird die gleichmäßig gebogene Linie.

Der Stern   Geübt werden der spitze und der stumpfe Winkel.

Die Tulpe   Geübt werden spitzer und stumpfer Winkel sowie Wellen- bzw. Schlangenlinie.

Übersicht über die Arbeitsschritte

1. Vorbereiten der Stoffe = Aufbügeln der Klebvlieseline auf die Stoffrückseiten.
2. Herstellen der Pappschablonen = für das Zuschneiden der Formen.
3. Zuschneiden der Formen.
4. Vorbereiten der Nähmaschine = Einstellung des Zickzackstichs und der Oberfadenspannung.
5. Das Applizieren = Aufzackeln der Formen auf den Untergrundstoff.
6. Das Wattieren = Unterlegen des fertigen Probierstücks mit Schaumstoff und Umsteppen der einzelnen Formen auf der rechten Stoffseite.
7. Abschlußarbeiten.

Die Arbeitsabläufe werden nachfolgend mit großer Genauigkeit und mit geradezu penetranter Ausführlichkeit geschildert, da sie die Basis für schwierigere Arbeiten sind und später nicht immer wieder im Detail behandelt werden. Bitte nehmen Sie sich gezielt ein paar Stunden Zeit, um jede

Wandteppich
»Blumen
naturalistisch«,
120 × 170 cm

Form mindestens 5mal nachzuvollziehen. Es ist wie Radfahren lernen oder Tonleitern üben. Nach einigen Stunden wissen Sie mehr über Ihre Nähmaschine, das Verhalten der verschiedenen Stoffe und sich selber.

Vorbereiten der Stoffe

Schneiden Sie für den Untergrundstoff, auf den Sie die verschiedenen Formen applizieren wollen, ein 25 × 30 cm großes Stück Stoff (z.B. feines Leinen) und ein gleich großes Stück Klebevlieseline zu. Für die je 5 Vierecke, Tulpen, Kreise und Sterne legen Sie sich 20 möglichst verschiedenartige Stoffreste zurecht. Um Stofferfahrungen zu sammeln, sollten es Seide, Wolle, Batist, Brokat, Duchesse, Strickstoff und-und-und sein. Schneiden Sie dann 20 Stückchen Klebevlieseline zu, je 6 × 6 cm, und legen Sie sie zu den Stoffresten.

Jetzt beginnen Sie mit dem Aufbügeln der Klebeeinlage. Stellen Sie das Bügeleisen auf mittlere Wärme (Skala = Seide) ein. Legen Sie das 25 × 30 cm große Stück Klebevlieseline mit der beschichteten Seite (schmilzt beim Bügeln) auf die linke Stoffseite des ebenso großen Untergrundstoffes und bügeln es auf. Dabei keine kreisenden Bügelbewegungen machen, sondern das Eisen von oben daraufsenken und ca. 3 Sekunden stehen lassen. Da die Klebevlieseline nach Abschluß der Applikationsarbeit wieder abgezogen werden soll (nur beim Untergrundstoff!), ist kein großer Druck erwünscht. Jetzt bügeln Sie die 20 kleinen Klebevlieseline-Stücke auf die zurechtgelegten Stoffreste. Also nochmal: Mit der klebenden Seite auf die linken Stoffseiten legen, das Eisen daraufsenken und diesmal mit Druck 3–5 Sekunden stehen lassen. Zählen hilft: einundzwanzig, zweiundzwanzig, dreiundzwanzig, hoch!

Herstellen der Pappschablonen

Legen Sie Blaupapier zwischen nebenstehende Abbildung und ein Stück dünnen Karton (die durchpausende Seite des Blaupapiers muß dabei auf dem Karton liegen). Zeichnen Sie Viereck, Kreis, Stern und Tulpe mit einem spitzen Bleistift, Lineal und evtl. Zirkel nach. Schneiden Sie die auf den Karton durchgepausten Formen mit scharfer, kleiner Schere aus.

Zuschneiden der Formen

Legen Sie die Pappschablonen auf die beklebten (weißen) Rückseiten der 20 verschiedenen Stoffrestchen und umfahren Sie die Konturen mit weichem Bleistift oder Filzstift, bis Sie je 5 Vierecke, 5 Kreise, 5 Sterne und 5 Tulpen gezeichnet haben. Schneiden Sie die 20 Formen mit scharfer, kleiner Schere aus.

Vorbereiten der Nähmaschine

Jede normale Haushaltsmaschine mit Zickzackstich eignet sich zum Applizieren. Nadel und Faden wie beim Geradstich-Nähen verwenden, also Nadelstärke 80, der Faden passend zur Nadelstärke und für Ober- und Spulenfaden gleich. Ich nehme gerne Faden von Ackermann, Syncord 100/3, weil er ein gleichmäßiges Bild ergibt und strapazierfähig ist. Die Farbe des Fadens sollte zum Applikationsteil passen, also Ton-in-Ton. Voraussetzung für eine schöne Applikationsnaht ist das

Die vier
Elementarformen:
Viereck
Kreis
Stern
Tulpe

Einstellen der Oberfadenspannung sowie die Zick-zackbreite und -dichte. Die Oberfadenspannung muß lockerer sein, als es beim Geradstich-Nähen üblich ist. Der Zickzackstich soll mindestens 3 mm breit sein und so dicht wie bei einem Knopfloch. Ziel ist eine breite, enge, leicht erhabene, gleich-mäßige Raupe. Bitte ausprobieren auf einem mit Klebevlieseline verstärkten Extrastoff!

Das Applizieren

Das Viereck

Beginnen Sie mit der einfachsten Form, dem Vier-eck (Übung = gerade Linie und rechter Winkel). Stecken Sie das erste der 5 Vierecke z. B. links oben auf den Untergrundstoff. Dabei sollen die

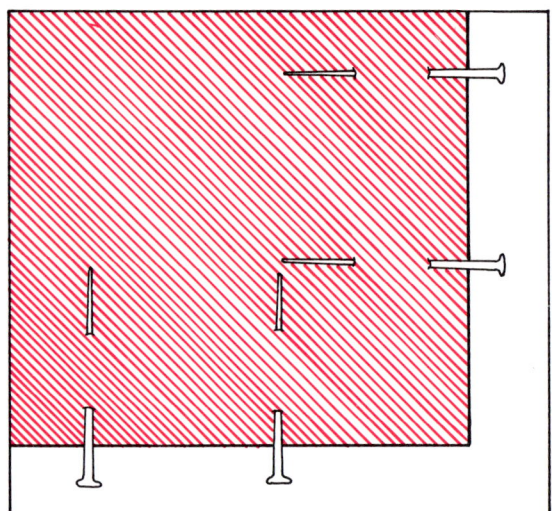

Stecknadeln quer zur Naht und mit den Köpfen nach rechts (=außen) gesteckt sein, damit sie beim Nähen leicht herausgezogen werden können.

Die gerade Linie

Beim ersten Versuch (und später bei sehr komplizierten Ornamenten) sollten Sie das Viereck zuerst mit Geradstich ringsherum festnähen und zwar höchstens 2 mm von der äußeren Kante entfernt, damit die geraden Stiche von der nachfolgenden Zickzacknaht verdeckt werden. Stellen Sie also den Zickzackstich entsprechend ein, wie gesagt breit, dicht und mit lockerer Oberfadenspannung. Senken Sie den Nähfuß so auf die Kontur des Vierecks, daß der erste Nadeleinstich rechts ist, ganz knapp neben der Außenkante des Vierecks in den Untergrundstoff trifft und der folgende linke Nadeleinstich weit genug innerhalb des Vierecks liegt (wie eingestellt). Zackeln Sie nun schnell und gerade bis zur ersten Ecke des Vierecks.

Der rechte Winkel

Den letzten Zentimeter langsam nähen, damit Sie sofort stoppen können, wenn sich die Nadel rechts an der äußersten Ecke befindet. Lassen Sie die Nadel genau in der Ecke im Stoff stecken! Erst jetzt den Nähfuß anheben und das Teil um 90 Grad drehen. Nähfuß senken und ebenso die zweite Kante zackeln (an der Ecke wird die erste Zickzacknaht also von der zweiten Naht bedeckt). Nähen Sie nun weiter, bis alle 4 Ecken umzackelt sind und Sie nur noch den Anfang der ersten Naht genau treffen müssen. Zum Schluß ein paar Befestigungsstiche auf der Stelle.

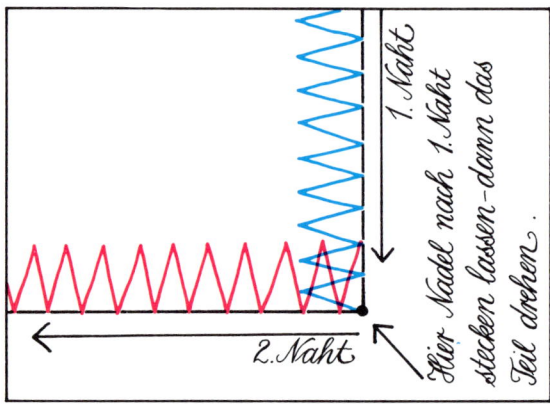

Anschließend die nächsten 4 Vierecke aufstecken, mit Geradstich ringsherum festnähen, dabei die Stecknadeln herausziehen und, wie bereits beschrieben, applizieren. Vielleicht können Sie beim 5. Viereck den Geradstich-Nähgang schon auslassen. Zeitersparnis!

Mein Tip

Markieren Sie mit Bleistift auf dem Untergrundstoff, wo Sie die Formen anordnen wollen, damit auch alle 20 Platz haben.

Der Kreis

Der Kreis hat folgende Schwierigkeit: Die Geschwindigkeit der Nähmaschine muß mit dem manuellen Drehen des Nähteils koordiniert werden, um der Krümmung des Kreises gleichmäßig und korrekt folgen zu können. Das ist wie »Anfahren-am-Berg«-Üben. Probieren Sie aus, was passiert, wenn Sie das Nähteil mal schneller, mal langsamer drehen und gleichzeitig mehr oder weniger »Gas« geben.

Die gleichmäßig gebogene Linie

Stecken Sie den Kreis auf dem Untergrundstoff fest, dabei Stecknadeln quer zur Naht und mit den Köpfen nach rechts. Setzen Sie den Nähfuß auf die Kreiskontur. Der erste Nadeleinstich erfolgt rechts von der Kreiskante, ganz knapp neben der Stoffkante in den Untergrundstoff, der folgende linke Einstich (wie eingestellt) ca. 3 mm innerhalb des Kreises. Folgen Sie mit gleichmäßiger Geschwindigkeit der Maschine und gleicher Drehung des Nähteils der Kreiskontur, bis der Anfang wieder getroffen ist. Befestigungsstiche! Bitte mindestens 4mal wiederholen.

Der Stern

Der Stern ist wegen der abwechselnden Folge von spitzen und stumpfen Winkeln am schwierigsten. Der Ablauf wie bisher: Stern aufstecken und mit Geradstich ringsherum aufnähen, das Aufzackeln als gerade Linie beginnen.

Der spitze Winkel

Sie nähern sich langsam dem spitzen Winkel und stoppen, wenn sich die Nadel *rechts* in der äußersten Ecke befindet. Die Nadel stecken lassen und

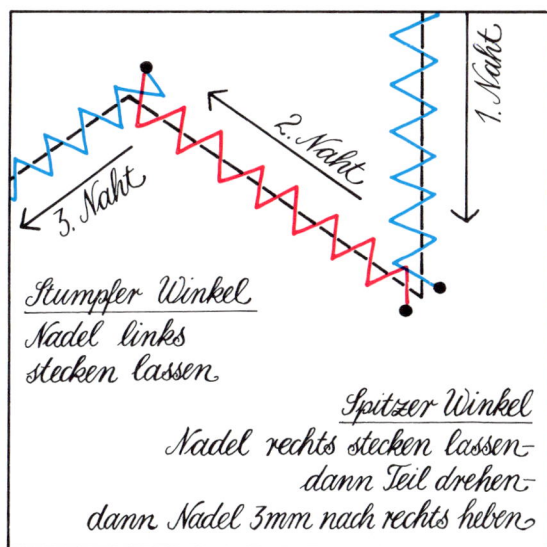

Stumpfer Winkel
Nadel links
stecken lassen

Spitzer Winkel
Nadel rechts stecken lassen-
dann Teil drehen-
dann Nadel 3mm nach rechts heben

das Nähteil drehen. Jetzt können Sie allerdings nicht wie beim rechten Winkel sofort weiterzackeln, sondern Sie müssen die steckengebliebene Nadel (Handrad benutzen) herausziehen und 3 mm weiter rechts wieder einstecken. Erst dann können Sie die zweite Zackelnaht beginnen. Das klingt kompliziert, aber beim Nachvollziehen werden Sie sofort verstehen, was gemeint ist.

Der stumpfe Winkel

Der nächste innere (stumpfe) Winkel ist einfacher. An der Ecke angekommen, zackeln Sie noch 3 mm weiter, lassen die Nadel *links* stecken und können nach der Drehung des Teils sofort weiterzackeln.

Ziel bei Ecken und Winkeln ist immer, daß sich die Nähte 3 mm vor und nach der Drehung überlagern. Der Stern hat abwechselnd 5 spitze und 5 stumpfe Winkel. Wenn Sie alle 5 Sterne appliziert haben, dann können Sie es.

Die Tulpe

Die Tulpe mit spitzen und stumpfen Winkeln und den nach innen und außen gebogenen Linien ist nicht besonders schwierig und für Sie eigentlich schon Routine. Applizieren Sie sie trotzdem 5mal auf den Untergrundstoff, um das Probierstück komplett zu machen.

Als letzte Arbeit muß noch die Klebevlieseline von der Rückseite des Untergrundstoffs abgezogen werden. Durch die Perforierung des engen Zickzackstichs an den Kanten der Formen geht das ganz leicht. Innerhalb der Formen kann sie dranbleiben.

Das Wattieren

Tischwäsche braucht normalerweise keine Wattierung, ausgenommen besonders aufwendige Sets (davon hören Sie später). Kissenhüllen, Bettdecken und Wandteppiche dagegen brauchen unbedingt eine Watteunterlage, die es in verschiedenen Qualitäten und Bezeichnungen gibt. Die Wattierung hebt die Motive plastisch hervor.
Bei dem Probierstück verwenden Sie eine 3 mm dicke Schaumstoff-Unterlage, die es in Platten, ca. 60 × 100 cm groß, gibt. Da Schaumstoff auf der Nähmaschine nicht gleitet, muß Klebevlieseline untergebügelt werden. Schneiden Sie also ein Stück Klebevlieseline in der Größe des Probierstücks zu, hier 25 × 30 cm, und bügeln es mit der Klebeseite auf ein ebenso großes Stück Schaumstoff auf. Legen Sie es mit der weichen Schaumseite auf die Rückseite des Probierstückes und stecken es ringsherum fest. Auf der rechten Seite stecken Sie in die Mitte jeder Form je eine Stecknadel durch alle Lagen.

Bevor Sie mit dem Nähen beginnen, muß die Oberfadenspannung wieder auf »normal« gestellt werden, denn jetzt folgt ein Geradstich-Arbeitsgang. Der Oberfaden soll farblich wie der Untergrundstoff sein. Nähen Sie von rechts auf dem Untergrundstoff hart um die Konturen der Formen herum mit kleinen Geradstichen. Dadurch heben sich die Formen leicht plastisch ab. An dieser Stelle bekomme ich immer den »Stepprausch«. Ich steppe dann noch innerhalb der Formen parallel zur Außenkontur, bei Vierecken auch kreuzweise von Ecke zu Ecke. Das gibt – besonders bei stark glänzenden Stoffen (Seide, Satin, Duchesse) – attraktive Schattierungseffekte. Wenn Sie später geübter sind und das Arbeitsteil nicht zu groß ist (z.B. Kissen), können Sie den Schaumstoff schon vor dem Applizieren unterlegen. Sie zackeln dann sofort durch und durch und sparen sich die Geradstich-Umnähung.

Abschlußarbeiten

Ein wattiertes Teil wie hier muß normalerweise gefüttert werden. Dieser Arbeitsgang ist bei dem Probierstück nicht nötig. Er wird später erklärt. Zum Schluß wird das fertige Werk von rechts gebügelt.

Die hier vorgestellten Formen haben nicht nur Übungswert. Sie werden später feststellen, daß aus verschieden großen Kreisen, Quadraten, Sternen und Tulpen ein wunderschöner, attraktiver Blumen-Wandteppich entstehen kann.

Tagesbettdecke »Liberty-Hotels« (Romantische Landschaft), 200 × 250 cm

Vom Entwurf zum fertigen Produkt

Am Beispiel Apfel-Set dargestellt.

Die Arbeitsabläufe zur Herstellung einer Applikationsarbeit vom ersten, skizzenhaften Entwurf bis zum fertigen Produkt lassen sich in zwei Gruppen einteilen: in die technischen Vorbereitungsarbeiten und in die ausführenden Arbeiten.

Übersicht über die Arbeitsschritte

1. Technische Vorbereitungsarbeiten
▷ Entwurf,
▷ Vergrößern des 1:5-Entwurfs auf Originalgröße,
▷ Herstellen der Zuschnittschablonen in Originalgröße,
▷ Stoffauswahl und Farbfestlegung,
▷ Zuschnittplan.

2. Ausführende Arbeiten
▷ Zuschnitt und Zusammennähen der Untergrundteile,
▷ Zuschnitt und Zusammenstecken der Einzelmotiv-Teile und Applizieren der Innenkonturen,
▷ Aufstecken der fertigen Einzelmotive auf den fertigen Untergrundstoff und Applizieren der Außenkonturen,
▷ Unterlegen der Wattierung und »Durch-und-Durch«-Steppen entlang der Außenkonturen,
▷ Füttern und Endbügeln.

Technische Vorbereitungsarbeiten

Es folgt jeweils zuerst die theoretische Beschreibung aller Arbeitsabläufe mit allgemeinen Hinweisen. Dann wird die praktische Ausführung derselben Arbeitsgänge am einfachen Beispiel »Apfel-Set« demonstriert.

Der Entwurf

Der Entwurf einer Applikationsarbeit vom einfachen Set bis zum komplizierten Wandteppich erfolgt gemäß den technischen Gegebenheiten nach einem grundsätzlichen Prinzip: Auf einen einteiligen oder zusammengenähten, mehrteiligen Untergrundstoff werden vielteilige Einzelmotive appliziert. Eingerahmt wird die Arbeit immer von einfachen oder dekorativen, stilgerechten Randstreifen.
Die erste Entwurfszeichnung, auf das hilfreiche 0,5 cm karierte Kanzleipapier aufgetragen, wird im Maßstab 1:5 angelegt (1 qcm der Zeichnung = 5 qcm des fertigen Originals). Dieses kleine Format erleichtert die Beurteilung der Harmonie von Proportionen und Farbverteilung. Außerdem können dem Maßstab-Entwurf erste Schablonenmaße für die Vergrößerung und Stoffverbrauchsmaße für den späteren Zuschnittplan entnommen werden. Die beabsichtigte Originalgröße Ihres Sets, Wandteppichs, der Tisch- oder Bettdecke ist der Ausgangspunkt für die Maßberechnung des 1:5-Entwurfs.
Ein Beispiel: Ihr Wunsch-Set soll 30 × 40 cm groß werden. Teilen Sie 30 cm durch 5 = 6 cm und teilen Sie 40 cm durch 5 = 8 cm. Die Maßstabgröße ist also 6 × 8 cm.
Weitere Berechnungsbeispiele entnehmen Sie bitte der Maßtabelle.

Maßtabelle für den 1:5-Entwurf

Artikel	Originalgröße	Berechnungsart	Maßstab 1:5 = Größe
Set	30 × 40	(30:5) × (40:5)	6 × 8 cm
Wandbild	70 × 100	(70:5) × (100:5)	14 × 20 cm
Tischdecke	90 × 90	(90:5) × (90:5)	18 × 18 cm
Tischdecke	120 × 190	(120:5) × (190:5)	24 × 38 cm
Wandteppich	150 × 200	(150:5) × (200:5)	30 × 40 cm
Bettdecke	180 × 250	(180:5) × (250:5)	36 × 50 cm

Eine sehr große Doppelbettdecke im Originalmaß 280 × 250 cm wird besser im Maßstab 1:10 gezeichnet: (280:10) × (250:10) = 28 × 25 cm groß.

Arbeitsablauf Apfel-Set

Sie zeichnen zuerst auf Kanzleipapier die äußeren Begrenzungslinien auf: Originalgröße des Sets = 30 × 40 cm, durch 5 geteilt = 6 × 8 cm auf dem Papier. Dann folgt das Einzeichnen der Randstreifen: Originalgröße = 2,5 cm breit, durch 5 ge- teilt = 0,5 cm auf dem Papier. Nun skizzieren Sie mit leichter Hand den Apfel in harmonischer Proportion auf die linke obere Ecke. Da das Set zum Schluß ganz wattiert und abgesteppt werden soll, zeichnen Sie schon jetzt die geplanten diagonalen Stepplinien ein.

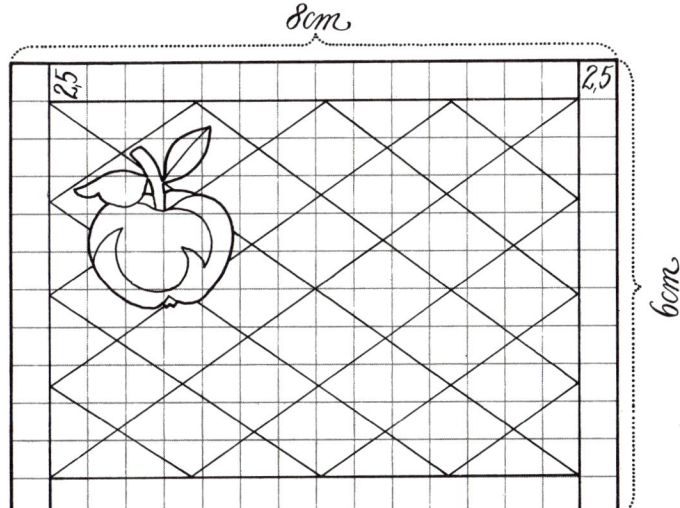

Apfel-Set im Original-
maßstab für den
1:5-Entwurf

Vergrößern des 1:5-Entwurfs auf Originalgröße

Grundsätzlich werden die Untergrundfläche und das Einzelmotiv jedes für sich vergrößert.

Rechnerische Vergrößerung

Einteilige Untergrundflächen und solche, die aus rechtwinkligen Teilen zusammengesetzt sind (z.B. Quadrat), werden ohne Schablonen-Herstellung rechnerisch vergrößert: Dem 1:5-Entwurf werden die Maße für Innenfläche und Randstreifen entnommen, mit 5 multipliziert und die Nahtzugaben addiert. Das Ergebnis sind Zuschnittmaße, die später in den Zuschnittplan eingetragen werden.

Zeichnerische Vergrößerung

Mehrteilige, nicht rechtwinklige Untergründe und natürlich die Einzelmotive werden zeichnerisch auf die beabsichtigte Originalgröße gebracht. Dazu zeichnet man einen Raster aus 0,5 cm großen Quadraten (Karoeinteilung) über den 1:5-Entwurf. Die Vergrößerung des Motivs zur gewünschten Originalgröße findet durch die Vergrößerung des 0,5 cm-Rasterabstands statt (wie das Aufblasen eines Luftballons).
Ein Beispiel: Angenommen das Vorlagemotiv ist 4 cm groß, soll aber 12 cm groß werden, so muß der neue Rasterabstand 3 × 0,5 = 1,5 cm sein.
Die Rasterlinien-Endpunkte des 1:5-Entwurfs und des originalgroßen 1:1-Entwurfs müssen ringsherum mit gegenüberliegend gleichen fortlaufenden Nummern versehen werden. Die markanten Motivpunkte des 1:5-Entwurfs werden dann auf den Schnittpunkten der Quadrate mit Hilfe der Numerierung abgelesen und entsprechend auf den 1:1-Entwurf übertragen. Dann werden diese Markierungspunkte gemäß der Zeichnung durch fortlaufende Linien miteinander verbunden.

Arbeitsablauf Apfel-Set

Innenfläche und Randstreifen werden rechnerisch vergrößert. Entnehmen Sie die Maße dem 1:5-Entwurf, multiplizieren mit 5 und addieren die Nahtzugaben. Diese betragen gut 0,7 cm an jeder Seite, zusammen für je zwei gegenüberliegende Seiten also 1,5 cm, die als Zuschnittmaß rechnerisch berücksichtigt werden.

Das Einzelmotiv Apfel wird zeichnerisch vergrößert. Dem 1:5-Entwurf entnehmen Sie, daß der Apfel ca. 10 cm groß werden muß (2 cm auf dem Papier mal 5 = 10 cm). Angenommen, das vorhandene Apfelmotiv (irgendwo abgepaust) ist 5 cm groß, dann geht es hier also um eine Verdoppelung der Größe (statt 0,5 = 1 cm Rasterabstand).

Legen Sie ein Stück Transparentpapier auf den vorhandenen 5 cm großen Vorlage-Apfel und zeichnen Sie ihn sorgfältig nach. Stecken Sie die

Apfel-Set: Rechnerische Vergrößerung der Innenfläche und der Randstreifen

Benennung	Entwurfmaß 1:5 (in cm)	Vergrößerung (× 5) ohne Nähte (in cm)	Zuschnittmaß mit Nähten (in cm)
Innenfläche	5 × 7	25 × 35	26,5 × 36,5 (1 × zuschneiden)
Randstreifen quer	0,5 × 7	2,5 × 35	4 × 36,5 (2 × zuschneiden)
Randstreifen längs	0,5 × 6	2,5 × 30	4 × 31,5 (2 × zuschneiden)

fertige Transparentzeichnung (ohne die Vorlage) auf Kanzleipapier. Die 0,5 cm Karierung entspricht dem oben angesagten 0,5 cm Rasterlinien-Abstand, sie scheint durch und ist leicht nachzuzeichnen (evtl. Rotstift verwenden). Danach numerieren Sie die Endpunkte der Linien, gegenüberliegend jeweils gleich. Legen Sie nun ein doppelt so großes Stück Transparentpapier auf Kanzleipapier, zeichnen die Karolinien mit 1 cm Abstand nach und übertragen Sie die Numerierung.

Nun legen Sie beide Transparentpapiere dicht nebeneinander vor sich hin: links die Apfelzeichnung mit dem 0,5 cm-Raster, rechts die leere 1 cm-Vergrößerung. Die markanten Punkte der Apfelzeichnung links, die auf den Schnittpunkten der Längs- und Querlinien liegen, werden mit Hilfe der Numerierung abgelesen und auf dieselben Schnittpunkte der leeren Rasterzeichnung rechts übertragen. Beginnen Sie mit den äußeren Begrenzungspunkten des Apfels. Oberster Stengelpunkt ist der Schnittpunkt der Längslinie 5 mit der Querlinie 3, kurz: 5 längs/3 quer. Für die folgenden Begrenzungspunkte bedienen Sie sich bitte der nebenstehenden Übersichtstabelle.

Nun beginnt die eigentliche Vergrößerung der ganzen Zeichnung. Der Anfang ist wieder der Stengelpunkt 5 längs/3 quer. Markieren Sie nacheinander im Uhrzeigersinn folgende Punkte:

6 längs / 4 quer	6–7 längs / 6 quer	
6–7 längs / 5 quer	6–7 längs / 7 quer	

Nach 5 Markierungspunkten sollten Sie die Verbindungslinien zeichnen, um die Übersicht zu behalten. Bitte gefühlvoll und der Zeichnung entsprechend gebogen, damit an den Punkten keine Ecken entstehen. Damit ist das Prinzip der Punkteübertragung sicher hinreichend erklärt. Übertragen Sie nun alle Punkte der Zeichnung nacheinander und verbinden sie fortlaufend. Verfahren Sie ebenso mit den Innenlinien und den Blättern, bis die Vergrößerung fertig ist. Die neue Zeichnung des Apfels in Originalgröße dient als Unterlage für die Schablonenherstellung.

Apfel-Set: Übersicht der äußeren Markierungspunkte vom Vorlage-Motiv (ohne Blätter)

Begrenzungspunkte	Schnittpunkt von Längslinie und Querlinie
Oben (Stengel)	5 längs / 3 quer
Rechts außen	11 längs / 9 quer
Unten	8 längs / 13 quer 5 längs / 13 quer
Links außen	2 längs / 9 quer

Herstellen der Zuschnittschablonen in Originalgröße

Für den späteren Stoffzuschnitt der aus Einzelteilen zusammengesetzten Großmotive benötigt man Pappschablonen. Dafür werden zunächst in dem 1:1-Entwurf (Großmotiv) alle Einzelteile mit fortlaufenden Nummern versehen. Das Großmotiv und alle Einzelteile werden dann mittels Blaupapier auf weißen Karton gepaust. Die Einzelteile sollen dabei mit ca. 1 cm Abstand nebeneinander liegen, damit an den inneren Seiten 0,5 cm breite Nahtzugaben (hier Untertritt genannt) angezeichnet werden können. Denn später wird die Seite des einen Teils aus Stabilitätsgründen auf den angezeichneten Untertritt des folgenden Teils appliziert (nach dem Schuppenprinzip!). Die durchgepausten Schablonen werden mit denselben Nummern der Großschablone oder Ganzschablone versehen und mit scharfer, kleiner Papierschere ausgeschnitten. Sie werden noch für den nächsten Arbeitsgang gebraucht.

Arbeitsablauf Apfel-Set

Legen Sie auf weißen Karton ein Stück Blaupapier und darauf die originalgroße 1:1-Transparent-Apfelzeichnung und zeichnen Sie das ganze Apfelmotiv mit allen Innenlinien ohne Rasterkaro sorgfältig nach. Das ist die Groß- oder Ganzschablone, die nach dem Zuschnitt als Unterlage für das korrekte Zusammenstecken der Stoffeinzelteile dient. Versehen Sie alle inneren Einzelflächen, Stengel und Blätter mit Nummern von 1–6. Jetzt wird der Apfel zeichnerisch in seine Einzelteile zerlegt. Jedes innere Motivteil wird einzeln nebeneinander mit ca. 1 cm

Abstand auf Karton durchgepaust. Die Teile werden so numeriert, wie auf der Großschablone vorgegeben ist. Die innere Schablone Nr. 3 bekommt eine 0,5 cm breite Untertrittzugabe, die später durch die äußere Schablone Nr. 4 bedeckt wird. Auch Schablone Nr. 1 erhält eine Untertrittzugabe. Schneiden Sie alle Motivteile mit scharfer kleiner Papierschere aus und zwicken Sie dabei die kleinen Querstriche ein, welche die Markierungshilfen für die spätere Einzelteil-Zusammensetzung sind. Sie haben jetzt eine Großschablone (ohne Blatt Nr. 6) und 6 Einzelteil-Schablonen.

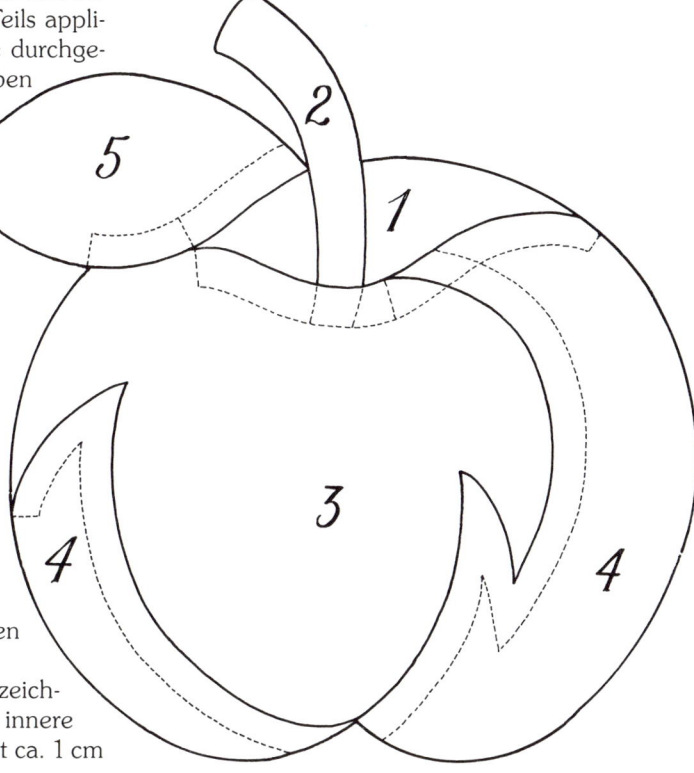

49

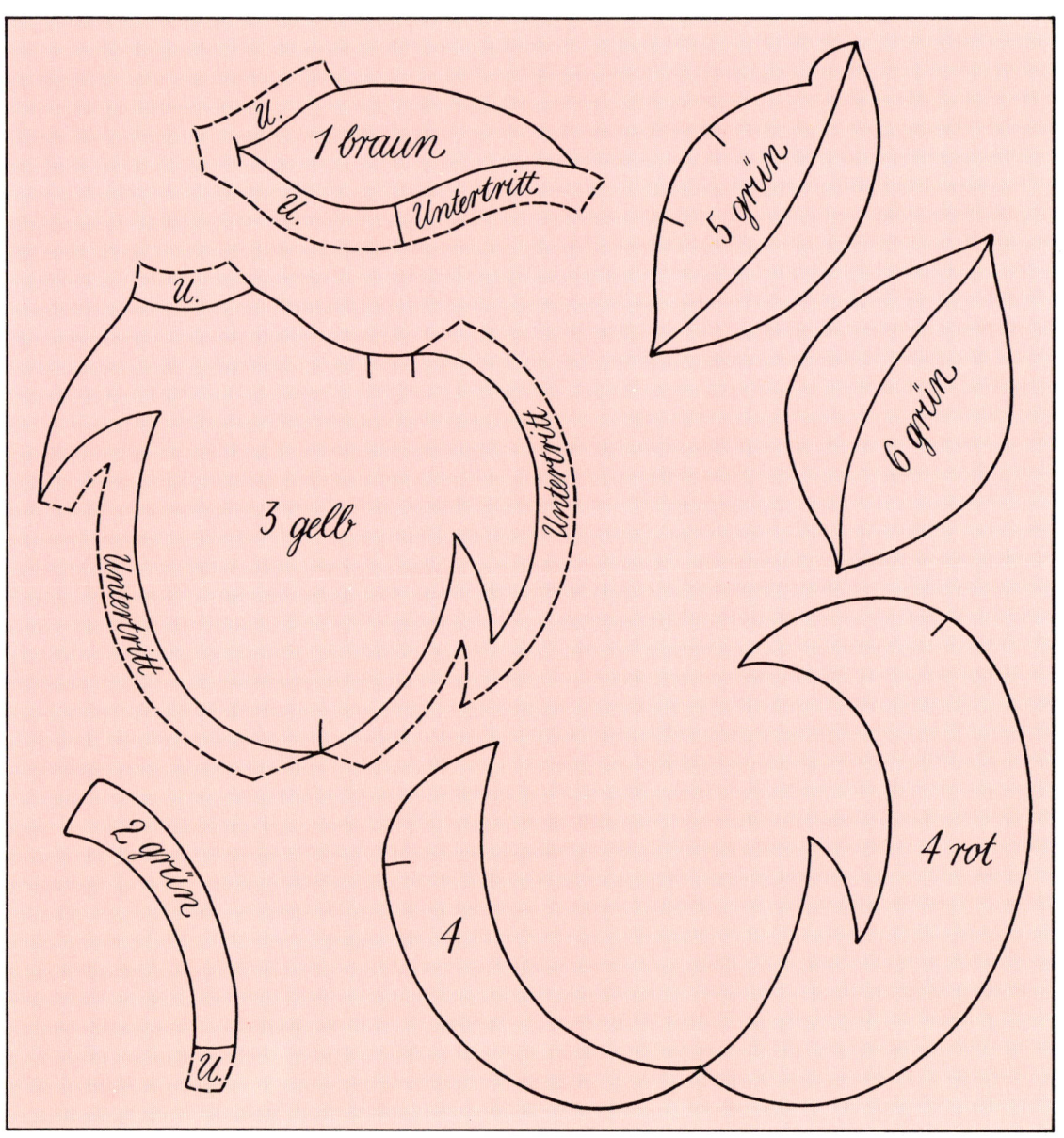

Stoffauswahl und Farbfestlegung

In diesem technischen Kapitel wird die Umsetzung der Stoffwahl für den Zuschnitt gezeigt. Für einfache Sets oder Tischdecken mit weniger als 10 Schablonen und Stoffen genügen handschriftliche Notizen über Stoffverbrauch und Farbe. Für »Großvorhaben« (Wandteppiche, Bettdecken) mit über 200 Schablonen und über 100 Stoffen benötigen Sie die Fixierung Ihrer Stoffwahl auf Schablonen und im Zuschnittplan. Sie schneiden von den ausgewählten Stoffen je 3 Schnipsel ca. 1 × 2 cm groß ab. Der erste wird auf das gewählte Innenfeld der Großmotiv-Schablone gezwickt (Büroheftmaschine), der zweite auf die identische Einzelteil-Schablone und der dritte in die erste Spalte des folgenden Zuschnittplans.

Arbeitsablauf Apfel-Set

Das Apfel-Set wird aus feinem Leinen in typischen Farben hergestellt. Der Untergrund wird Naturfarben, der Apfel Rot und Gelb, Blätter, Stengel und

Apfel-Set: Zuschnittplan

Spalte 1	Spalte 2	Spalte 3	Spalte 4	Spalte 5
Stoff	Benennung des Teils bzw. Schablone-Nr.	Zuschnittmaß mit Nahtzugaben und Anzahl zuschneiden (in cm)	Zuschnittmaß der Klebe-Einlagen (in cm)	Bemerkungen
Naturfarben	Untergrund-Innenfläche	36,5 × 26,5 1 × zuschneiden	11 × 13 und Nahtstreifen 2 × 130	Klebevlieseline Sanfor
Grün	Untergrund			
	Randstreifen quer	4 × 36,5 2 × zuschneiden	18 × 37	Sanfor
	Randstreifen längs	4 × 31,5 2 × zuschneiden		
Watteline	Untergrund ganzflächig	31,5 × 41,5 1 × zuschneiden	–	–
Futter	Rückseite ganzflächig	31,5 × 41,5 1 × zuschneiden	–	–
Gelb	Nr. 3 = Apfel innen	Schablone 1 × zuschneiden	8 × 8	Klebevlieseline
Rot	Nr. 4 = Apfel außen	Schablone 1 × zuschneiden	10 × 10	Klebevlieseline
Braun	Nr. 1 = Apfel hinten	Schablone 1 × zuschneiden	4 × 6	Klebevlieseline
Grün	Nr. 2/5/6 Stengel und Blätter	Schablonen je 1 × zuschneiden	8 × 8	Klebevlieseline

Randstreifen Olivgrün. Schreiben Sie die gewählten Farbbezeichnungen auf die entsprechenden Schablonen.

Der Zuschnittplan (Seite 51)

Im Zuschnittplan werden die Stoffmaße (Stoffverbrauch) für den Zuschnitt zusammengestellt. Die Anlage eines Zuschnittplans wird hier als Beispiel für komplizierte, vielteilige und vielfarbige Applikationsarbeiten gezeigt. Ziel ist es, einen schnellen, rationellen und vollständigen Zuschnitt (durch Abhak-Kontrolle) zu ermöglichen.

Arbeitsablauf Apfel-Set

Für dieses einfache Set genügen Notizen über den Stoffverbrauch von Innenfläche und Randstreifen, die Sie dem 1:5-Entwurf entnommen haben, und von Watteline, Klebeeinlage und Futter.

Jetzt sind Sie mit den bereitliegenden Stoffen, den fertigen Schablonen und dem Zuschnittplan gerüstet für den Beginn des Zuschnitts. Von allen hiermit abgeschlossenen Vorbereitungsarbeiten sind die Zuschnittschablonen und der Zuschnittplan für weitere Anfertigungen wieder verwendbar.

Ausführende Arbeiten

Voraussetzung für die zügige Durchführung dieser Arbeiten ist die Vorbereitung des Arbeitsplatzes und die Bereitstellung der benötigten Werkzeuge, der Materialien und der Hilfsmittel. Der Arbeitsplatz ist ein großer Tisch, die eine Hälfte ist für den Zuschnitt reserviert, die andere Hälfte ist als Bügelplatz eingerichtet mit relativ harter Unterlage und weißer Baumwoll-Auflage. Dieser Arbeitstisch und die Nähmaschine sollten nebeneinander stehen.

Zuschnitt und Zusammennähen der Untergrundteile

Anhand des Zuschnittplans schneiden Sie zuerst die Klebeeinlagen zu (Spalten 4 und 5 des Zuschnittplans, Seite 51), und zwar aus Sanfor die Rand- und Nahtstreifen des Untergrunds und aus Klebevlieseline die quadratischen Flächen für die Apfel-Einzelteile. Zeichnen Sie auf der unbeschichteten Seite mit Winkel, Lineal und Blei- oder Filzstift alle Teile für Untergrund und Apfel-Applikation nach den Maßangaben der Spalte 4 auf. Schneiden Sie die Teile mit der großen Stoffschere aus und legen Sie sofort jedes Teil zu dem zugehörigen Stoff der Spalte 1. Die Innenfläche des Sets muß vorab zugeschnitten werden. Zeichnen Sie sie fadengerade mit Winkel und Lineal auf das naturfarbene Leinen (Maßangabe Spalte 3) und schneiden Sie sie aus.

Jetzt folgt das Verstärken der linken Stoffseiten durch Aufbügeln der zugeschnittenen Klebeeinlagen: mit der schmelzbaren Seite auf die linke Stoffseite legen und bei mittlerer Hitze ca. 3 Sekunden aufdrücken; dafür wird das einfache Bügeleisen ohne Dampfeinrichtung benutzt. Bekleben Sie nun nacheinander die Stoffe der Spalte 1. Zuerst bügeln Sie auf die schon ausgeschnittene Innenfläche den Sanforstreifen (2×130 cm, entsprechend lang durchschneiden) ringsum auf die Kanten, dann links oben unter die spätere Apfel-Applikation das 11×13 cm Klebevlieselinestück (nicht zu fest, wird nach der Applikation wieder abgezogen). Es folgen das grüne Leinen mit dem 18×37 cm Sanforstück, das gelbe Leinen mit 8×8 cm Vlieseline usw., bis zum Ende des Zuschnittplans. Damit ist das stoffverstärkende Bügeln abgeschlossen. Nun folgt das Aufzeichnen, Ausschneiden und Nähen der Untergrundstoffe. Die Innenfläche ist bereits fertig. Die grünen Randstreifen werden nach den Maßangaben der Spalte 3 aufgezeichnet und

Wandteppich
»Appenzeller Land«
(wie naive Bauernmalerei),
140 × 210 cm

zugeschnitten. Auch das Futter aus Batist oder Baumwolljersey und die Watteline oder 2 mm dikke Dacronwatte werden aufeinandergesteckt und zusammen zugeschnitten (auf dem Futter zeichnen). Alle Teile müssen sehr korrekt aufgezeichnet, genau zugeschnitten und mit der berechneten Nahtbreite von 0,7 cm = Nähfußbreite zusammengenäht werden, damit später die aufeinanderliegenden Teile (Untergrundstoff mit Futter und Watteline) übereinstimmen. Nähen Sie jetzt die beiden Querstreifen an die Innenfläche (siehe 1:5-Entwurf, Seite 45). Legen Sie dazu die rechten Stoffseiten der Streifen auf die rechte Stoffseite der Innenfläche und nähen die Teile mit 0,7 cm Nahtbreite zusammen (vorher mit Stecknadeln fixieren, quer zur Naht und mit den Köpfen nach außen). Die fertigen Nähte werden auseinandergebügelt. Dann werden die Längsstreifen ebenso an die Innenfläche genäht und die Nähte auseinandergebügelt.

Das Stoffuntergrundteil ist fertig. Die beklebten Stoffe für die Applikation liegen bereit.

Zuschnitt, Zusammenstecken der Einzelmotiv-Teile und Applizieren der Innenkonturen

Legen Sie die von 1–6 numerierten und farbbezeichneten Einzelschablonen des Apfelmotivs auf die zugehörigen Stoffe der Spalte 1 des Zuschnittplans.

Achtung: Unregelmäßig geformte Schablonen wie diese müssen umgekehrt, also mit der unbeschrifteten Seite nach oben aufgelegt werden, sonst wird das Einzelteil seitenverkehrt.

Zeichnen Sie die Schablonen mit weichem Bleistift oder Filzstift ringsherum auf und numerieren Sie entsprechend von 1–6. Die Teile werden zunächst nur grob, dann mit spitzer, kleiner Stoffschere genau ausgeschnitten. Dabei bitte nicht die

winzigen Markierungszwicke vergessen, die das Zusammenstecken der Einzelteile erleichtern. Legen Sie nun die ausgeschnittenen Stoffteile genau auf die Großschablone: zuerst die Teile mit Untertrittzugabe (1, 2 und 3), dann darauf die Teile 4 und 5. Das lose Blatt Nr. 6 wird erst später verwendet. Wenn alle Teile mit den Innenflächen der Großschablone übereinstimmen und die Markierungszwicke aufeinanderliegen, wird die Lage der Teile durch senkrecht eingesteckte Nadeln auf die Großschablone fixiert. Überall, wo sich ein Untertritt befindet, werden die Einzelteile wie folgt zusammengesteckt:

Nr. 4 auf 3 und 1,
Nr. 3 auf 1 und 2,
Nr. 5 auf 3 und 1,

natürlich ohne die Großschablone mitzufassen. Die Stecknadeln sitzen parallel zu den Schnittkanten mit den Köpfen in »Fahrt«-Richtung (beim nächsten Nähgang wissen Sie, was gemeint ist). Entfernen Sie die senkrechten Fixiernadeln und heben das Apfelmotiv ab. Nähen Sie nun die Innenfelder mit kleinem Geradstich knappkantig aufeinander, dabei die Stecknadeln herausziehen. Bei großen Arbeitsstücken schließt sich als letzter

1 Der Arbeitstisch mit den bereitliegenden Stoffen, Schablonen und Zuschnittplan.
2 Die zugeschnittenen Klebevlieseline-Einlagen mit den Schablonen bei den zugehörigen Stoffen.
3 Die Randstreifen des Untergrunds sind mit Sanfor, alle andersfarbigen Stoffe mit Vlieseline beklebt und mit den umgedrehten Schablonen belegt.
4 Die Schablonen sind auf die Vlieseline übertragen.
5 Die ausgeschnittenen Teile 1, 2 und 3 sind auf die Großschablone gesteckt.
6 Die Teile 1–5 sind zusammengesteckt und von der Großschablone abgehoben.

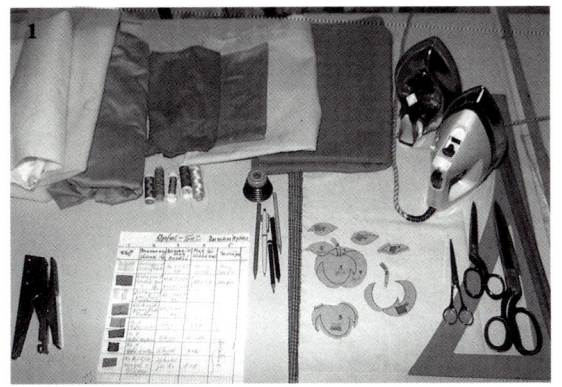

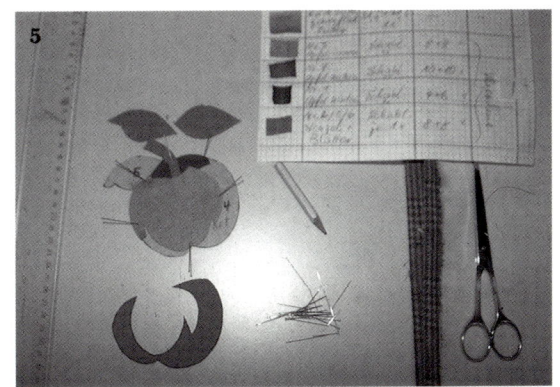

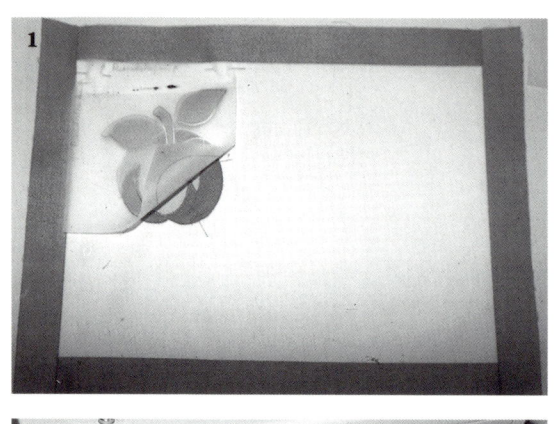

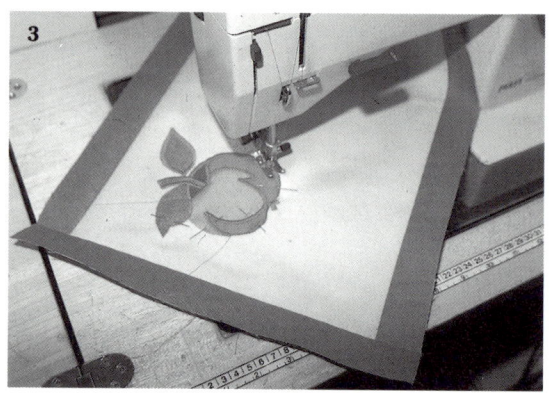

Fertiges »Apfel-Set«.

1:1-Transparententwurf kurz auf das Set, um die Lage des einzelnen Blattes Nr. 6 festzustellen. Stecken Sie nun Apfel, Stengel und Blätter ringsherum mit Stecknadeln quer zur Kontur fest. Applizieren Sie mit farblich passenden Fäden zuerst die Innenlinien und dann die Außenkontur mit dichter, breiter, leicht erhabener Applikationsraupe. Die Apfelblüte wird durch kreuzweise 0,5 × 1 cm-Raupe angebracht. Zum Schluß wird die Klebevlieseline innerhalb und außerhalb des Apfelmotivs von der Rückseite des Sets abgezogen.

Unterlegen der Wattierung und »Durch-und-Durch«-Steppen entlang der Außenkonturen

Legen Sie die schon zugeschnittene Watteline oder Dacronwatte genau unter das Set. Watteline hat die Neigung zu verrutschen, Falten zu werfen oder sich zu stauen. Sie muß deshalb überall, wo genäht wird, mit dem Oberstoff zusammengesteckt werden. Das geschieht auf der rechten Seite mit dichtem 5 cm-Nadelabstand quer zur Naht. Alle Nähte müssen mit kleinen Geradstichen und passendem Faden ausgeführt werden. Zuerst wird die Naht zwischen Randstreifen und Innenfläche ausgeführt, dann die Naht um die Apfelkontur. Nun folgen die Rautensteppnähte der ganzen Innenfläche. Dem 1:5-Entwurf (Seite 45) entnehmen Sie, daß der Abstand der Stepplinien dort 1 cm, in Originalgröße also 5 cm sein soll. Zeichnen Sie auf dem naturfarbenen Set von Ecke zu Ecke kreuzweise mit Lineal und schwachem Bleistiftstrich die mittleren Schräglinien ein (den Apfel auslassen!). Nähen Sie mit passendem Faden und genau auf dem Bleistiftstrich. Ziehen Sie dabei die quergesteckten Nadeln heraus. Nähen Sie so alle Stepplinien parallel zu den Mittellinien von innen nach außen (Befestigungs-Stiche an den Apfelkonturen machen, der ja ausgelassen wird).

Arbeitsgang für die Fertigstellung des Einzelmotivs das Applizieren der Innenkonturen an. Da sich das kleine Set auf der Nähmaschine gut drehen läßt, wird es in unserem Arbeitsablauf zusammen mit dem Applizieren der Außenkonturen ausgeführt.

Aufstecken der fertigen Einzelmotive auf den fertigen Untergrundstoff und Applizieren der Außenkonturen

Legen Sie das fertige Apfelmotiv auf die linke obere Ecke des Sets, die durch Klebevlieseline unterlegt ist. Der Abstand von der oberen und linken Randstreifennaht ist 2,5 cm. Legen Sie den

1 Das fertige Apfelmotiv ist auf den zusammengenähten Untergrund gesteckt. Unter dem 1:1-Transparentwurf wird das Blatt Nr. 6 in die richtige Lage geschoben.
2 Die Innenlinien werden appliziert.
3 Die Außenlinien werden appliziert.
4 Die Klebevlieseline auf der Rückseite wird abgezogen.
5 Die diagonalen Stepplinien der Innenfläche werden mit Hilfe einer Glaspapierschablone genäht.
6 »Durch-und-Durch«-Steppen der Apfelkonturen.

Stoffbild »Pinie mit Ziegelmauer«, 70 × 85 cm

Mein Tip

Wer das zeitraubende Ausmessen und Anzeichnen der Parallel-Linien vermeiden will, bedient sich einer Glaspapierschablone der feinsten Körnung (Glas- oder Schmirgelpapier wird in Bögen zu 23 × 28 cm angeboten). Die Schablone wird 5 × 28 cm groß (Abstandbreite mal Glaspapierlänge) zugeschnitten, mit der gekörnten Seite auf den Stoff gelegt (haftet fest) und mit der linken Kante an die genähte Mittelstepplinie. Der Nähfuß muß so auf der rechten Kante sitzen, daß die Nadel knappkantig den Stoff trifft. Nach Fertigstellen der Naht wird die Schablone jetzt hier angelegt und so lange um 5 cm (Schablonenbreite) nach außen verrückt, bis alle Nähte fertig sind.

Fortgeschrittene Applizierer unterlegen die Watteline schon, nachdem die Randstreifen an die Innenfläche genäht wurden. Dann folgt zuerst die Steppnaht zwischen Randstreifen und Innenfläche, die Rautenabsteppung des ganzen Sets und erst dann das Applizieren der Innenlinien und Außenkonturen des Apfelmotivs. Dadurch wird die Geradstich-Umsteppung des Apfelmotivs gespart. Das geht aber nur bei dünnster Wattierung und kleinen Teilen, also bei eben diesem Set.

Füttern und Endbügeln

Das wattierte und abgesteppte Set wird mit dem schon zugeschnittenen Futter verstürzt. Dazu legt man die rechte Set-Seite auf die rechte Stoffseite des Futterstücks. Durch Applizieren und Absteppen ist das Set wahrscheinlich etwas kleiner geworden. Beschneiden Sie das Futter auf gleiche Größe, es muß glatt und ohne Spannung auf dem Set liegen. Stecken Sie beide Teile mit quergesteckten Nadeln fest und nähen Sie sie ringsherum mit 0,7 cm Nähfußbreite zusammen. Dabei an der unteren Querseite des Sets ca. 10 cm zum Wenden offen lassen.

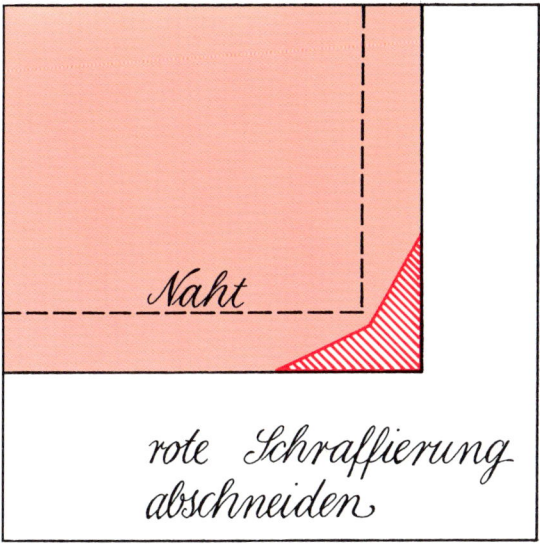

Naht

rote Schraffierung abschneiden

Beschneiden Sie die 4 Ecken (einfach die Spitzen diagonal zur Ecke abschneiden, ohne die Nahtfäden zu verletzen) und wenden Sie das Teil durch die 10 cm Öffnung hindurch nach außen. Bügeln Sie die Set-Kanten ringsherum auf der Futterseite. Dabei muß die Naht nach außen gedrückt werden, die 0,7 cm Nahtzugaben an der Öffnung nach innen bügeln.

Die letzten beiden Steppnähte, die Oberstoff und Futter miteinander verbinden, liegen auf den Randstreifen des Sets: Nach der Fixierung durch quergesteckte Nadeln nähen Sie die erste Naht knappkantig (1 mm) am äußersten Rand und schließen dabei die 10 cm-Öffnung. Die zweite Naht liegt knappkantig auf dem inneren Rand des Streifens.

Das Set ist nun fertig verarbeitet, und es folgt der letzte Schliff: das Endbügeln mit dem Dampfbügeleisen und einem zwischengelegten, trockenen Tuch. Auf einer weichen Unterlage bügeln!

Tischwäsche

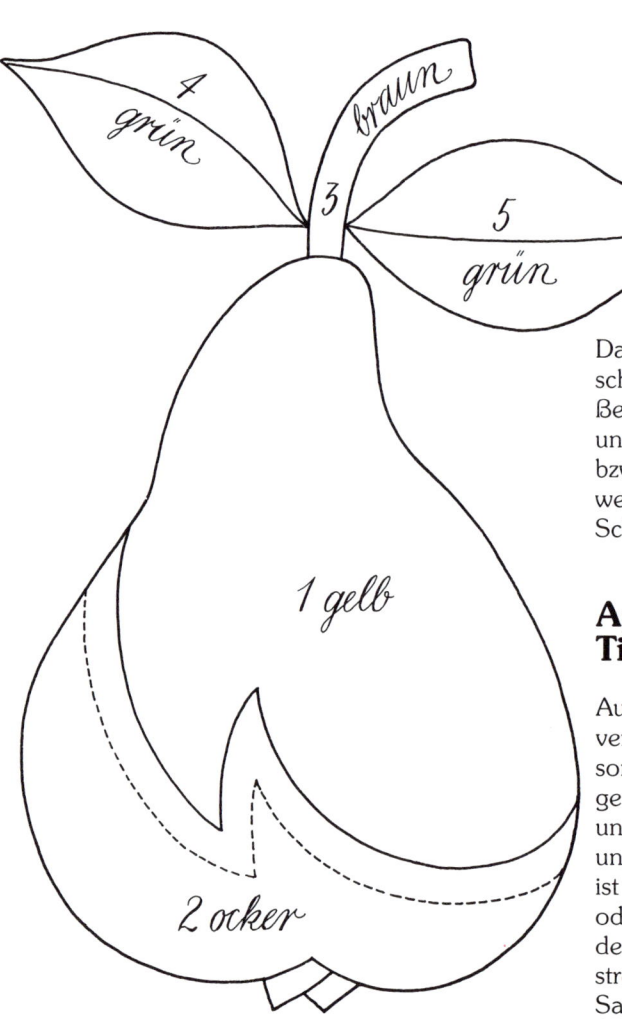

Birnen-Set   Foto rechts

Das Birnen-Set ist das Pendant zu dem vorher beschriebenen Apfel-Set. Es wird mit denselben Maßen und nach derselben Methode zugeschnitten und genäht. Die Transparentpapier-Kopie, Ganz- bzw. Groß-Schablonen und Einzelteil-Schablonen werden anhand des Birnenmotivs hergestellt. Schablone Nr. 1 erhält die Untertrittzugabe.

Apfel-Birnen-   Foto Seite 62
Tischdecke

Aus den Einzelmotiven Apfel und Birne kann mit verbindenden Ranken und Blättern eine hübsche, sommerliche Tischdecke entstehen. Die hier vorgestellte Decke ist aus weißem Leinen mit roten und gelben Äpfeln und Birnen und grünen Ranken und Blättern. Das Fertigmaß ist 125 × 175 cm und ist für eine Tischplattengröße von ca. 80 × 120 cm oder ca. 90 × 140 cm geeignet. Die zu applizierende Innenfläche ist 35 × 80 cm groß, die Zwischenstreifen sind 2,5 cm breit. Das sind die Fertigmaße, Saum und Nähte müssen zugegeben werden.

Vorbereitende Arbeiten

Die Tischdecke wird im Maßstab 1:5 auf kariertes Kanzleipapier gezeichnet. Innenfläche und Zwischenstreifen werden zentral eingezeichnet und die Zuschnittmaße einschließlich Nahtzugaben originalgroß notiert. Die Äpfel, Birnen und die Ranken mit Blättern werden in entsprechender Anzahl und Verteilung auf die Innenfläche skizziert. Von den Motivzeichnungen kopieren Sie die wellenförmige Ranke mit den Blättern auf Trans-

parentpapier, ebenso den Apfel und die Birne, die mit Mittelpunktkreuzen versehen werden. Nun werden, wie gewohnt, daraus die Ganz- und Einzelteil-Schablonen mittels Blaupapier auf Karton gepaust und ausgeschnitten. Um später die Lage der Früchte und der Blätterranke auf den Stoff zu übertragen, muß die Innenfläche in Originalgröße = 35 × 80 cm auf Transparentpapier gezeichnet werden, das mit Kanzleipapier unterlegt wird. Bögen kleineren Formats werden mit Tesafilm zusammengeklebt. Die durchscheinende Karierung des

Kanzleipapiers erleichtert das Anzeichnen der Mittelpunkte von Äpfeln und Birnen im gleichen Abstand voneinander (ca. 22 cm) und von den Seitenkanten der Innenfläche (ca. 6 cm). Die Transparentpapier-Kopien von Apfel und Birne werden zwischen Kanzlei- und Transparentpapier geschoben, bis die Mittelpunktkreuze aufeinander liegen. Nacheinander werden abwechselnd ein Apfel und eine Birne durchgezeichnet und durch die Blätterranken-Kopie verbunden, bis die Zeichnung fertig ist. Von der wellenförmigen Ranke (ohne Blätter) wird extra eine kleine Pappschablone gemacht.

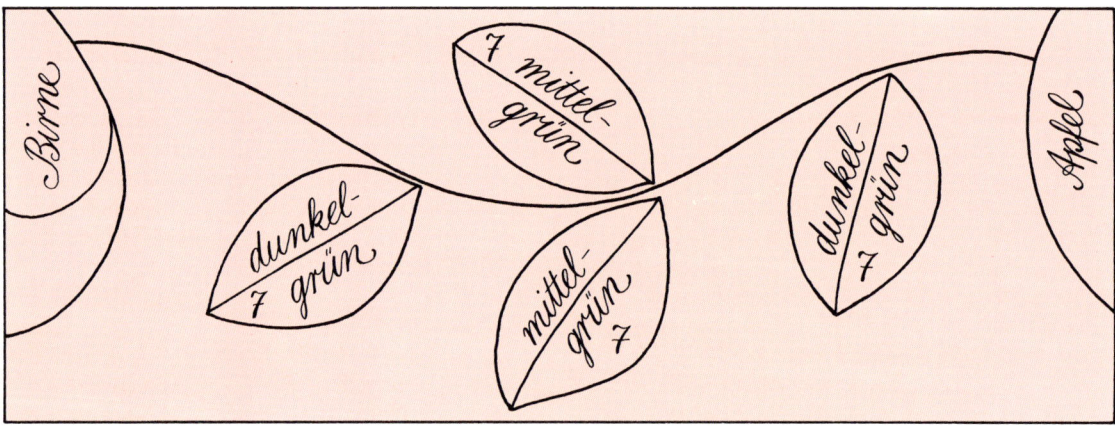

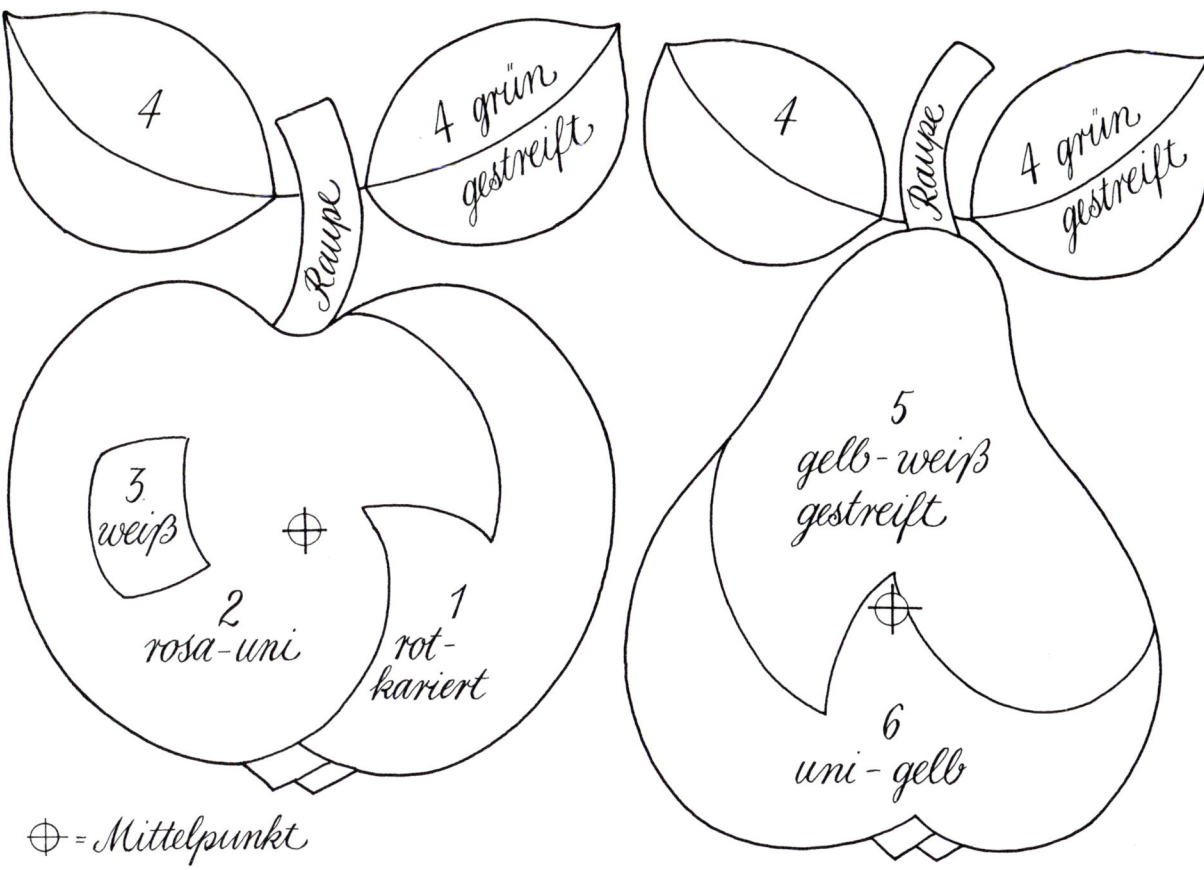

Innerhalb der Abbildung:

4

4 grün gestreift

Raupe

4

Raupe

4 grün gestreift

3 weiß

2 rosa-uni

1 rot-kariert

5 gelb-weiß gestreift

6 uni-gelb

⊕ = Mittelpunkt

Ausführende Arbeiten

Zuschnitt

Bei Tischwäsche aus Leinen muß der Zuschnitt fadengerade erfolgen. Schneiden Sie also nach den Maßnotizen die ganze Decke, die Innenfläche und die Zwischenstreifen zu. Die Streifen werden vorher ganz mit Sanfor-Klebeeinlage unterbügelt, die Innenfläche wird nur an den Kanten mit 2 cm breiten Streifen unterklebt. Außerdem wird die Stoff-

rückseite der Innenfläche mit einem Stück Klebevlieseline verstärkt (ca. 30 × 75 cm), die nach der Applikation wieder abgezogen wird. Nun werden Äpfel, Birnen und Blätter in der entsprechenden Anzahl und den vorgesehenen Farben zugeschnitten.

Nähen und Applizieren

Die Zwischenstreifen werden an die Innenfläche genäht, die Nähte auseinander gebügelt und die

Außenkanten der Streifen 0,5 cm nach innen umgebügelt, da das Mittelstück nach der Applikation knappkantig auf die Mitte der ganzen Decke gesteppt wird. Die große Transparentpapier-Schablone wird so oben auf die Innenfläche gesteckt, daß man sie anheben kann, um die zugeschnittenen und zusammengesteckten Äpfel und Birnen an die richtigen Stellen zu schieben und festzustecken. Die Rankenlinien werden mit weichem Bleistift entlang der Extra-Pappschablonenkontur aufgezeichnet und die Blätter daran gesteckt.

Bei dieser Decke wurde für die Ranke und das Applizieren der Motive ein mittelbreiter und mittellanger Zickzackstich gewählt, Stengel, Apfel- und Birnenblüten wurden mit enger Zickzackraupe appliziert. Um die Konturen besser zu bedecken, wurden Knopflochseide in passenden Farben und eine Nadel der Stärke 100 verwendet (der Spulenfaden ist normal dick und synthetisch). Bei dicker Knopflochseide muß die Oberfadenspannung nochmal kontrolliert werden. Nachdem die Innenfläche fertig appliziert ist, wird die Klebevlieseline von der Rückseite abgezogen.

Nun soll die Innenfläche, deren Randstreifen 0,5 cm nach innen umgebügelt sind, auf die Mitte der bereits gesäumten, ganzen Decke aufgenäht werden. Das Maß der Innenfläche (nochmal nachmessen!) wird mit Lineal und Bleistift fadengerade auf die ganze Decke gezeichnet. Die Innenfläche wird mit 5 cm Nadelabstand quer zu den Kanten aufgesteckt und mit kleinen Geradstichen aufgenäht. Auf der Rückseite wird das doppelte Stoffstück so groß herausgeschnitten, daß die auseinandergebügelte Naht zwischen Innenfläche und Zwischenstreifen noch bedeckt ist (Vergleichsmaß: 32 × 77 cm Ausschnitt). Die Schnittkanten werden mit weitem Zickzackstich versäubert. Zuletzt wird auf der rechten Seite in der Naht zwischen Innenfläche und Zwischenstreifen ringsherum gesteppt. Letzter Arbeitsgang: Endbügeln!

Für passende Servietten muß das Apfel- oder Birnenmotiv auf ca. 4 cm Durchmesser verkleinert (aus einem Stoff, ohne Innenteile) und schräg in die Ecke einer ca. 30 cm großen, schon gesäumten Serviette appliziert werden. Ein passendes Gartenstuhl-Kissen entsteht durch Vergrößern des Motivs auf ca. 20 cm Durchmesser; es muß wattiert und abgesteppt werden (siehe Kissenverarbeitung, Seite 76).

Tulpenkranz-Tischdecke Foto

Diese quadratische, 70 × 70 cm große Mitteldecke ist aus eierschalenfarbenem Leinen, die Tulpen sind hellrosa mit zartkariertem Mittelteil, dessen Stoff auch für die Randstreifen benutzt wird. Die Tulpenblätter sind hellbeige gestreift und die Verbindungsblätter auf der Kreislinie hellbeige kariert. Diese pastellfarbene Decke ist besonders leicht und schnell herzustellen, da sie nur 4 Schablonen hat (Tulpen, Tulpenmittelteil, Tulpenblätter und Verbindungsblätter) und mit langem, breitem Zickzackstich appliziert wird (normaler Baumwoll- oder Synthetik-Nähfaden und 80er Nadel).

Vorbereitende Arbeiten

In die Maßstabzeichnung 1:5 (14 × 14 cm auf Kanzleipapier) wird der Randstreifen mit 0,5 cm eingezeichnet und der Mittelpunkt durch ein Kreuz markiert. Hier wird der Zirkel eingesteckt und ein Kreis von 3 cm geschlagen. Das ist die Anhaltslinie für die Lage der Verbindungsblätter zwischen den Tulpen. Dann wird durch den ganzen Kreis eine Hilfslinie quer von links über den Mittelpunkt nach rechts gezogen, und die beiden Schnittpunkte von Linie und Kreis werden markiert. In diese Punkte wird der Zirkel eingesteckt, und mit 3 cm-Radius

Mitteldecke »Tulpenkranz«

werden kleine, ca. 0,5 cm große Striche über den Kreisbogen nach oben und unten geschlagen. Dadurch ist der Kreis 6fach geteilt und die Ansatzpunkte für die Tulpen sind gefunden. Die jeweils gegenüberliegenden Punkte werden über den Kreismittelpunkt miteinander verbunden, um die Lage der Tulpen zu fixieren.

Der Zirkel wird nun nochmal in den Kreismittelpunkt eingesteckt und mit 2 cm-Radius werden kurze Bögen auf den eingezeichneten Linien markiert (= Stengel- und Tulpenblätteransatz). Ein dritter Kreisbogen wird mit 4,5 cm-Radius vom Kreismittelpunkt aus geschlagen, er markiert die Begrenzungslinie für die Tulpenspitzen. Skizzieren Sie Tulpen und Blätter mittels der Kreis- und geraden Linien, wie aus der Zeichnung ersichtlich.

Die fertige 1:5-Maßstabzeichnung muß vergrößert werden, um eine originalgroße Schablone für das Anzeichnen der Motive auf dem Untergrundstoff zu erhalten. Hierfür wird ein 45 × 45 cm großes Stück Transparentpapier auf Kanzleipapier gesteckt, der Mittelpunkt markiert. Von hier aus werden mit dem Zirkel die 3 Kreisbögen geschlagen, dabei werden die Radienmaße natürlich mit 5 multipliziert, und die Hilfs- und geraden Linien übertragen.

Die originalgroßen Motivezeichnungen Tulpe und Blätter werden auf kleine Stücke Transparentpapier durchgepaust. Diese Zeichnungen werden unter die vorgesehenen Stellen des großen Transparentpapiers (siehe Maßstab 1:5) geschoben und sorgfältig nachgezeichnet. Die auf der 1:5-

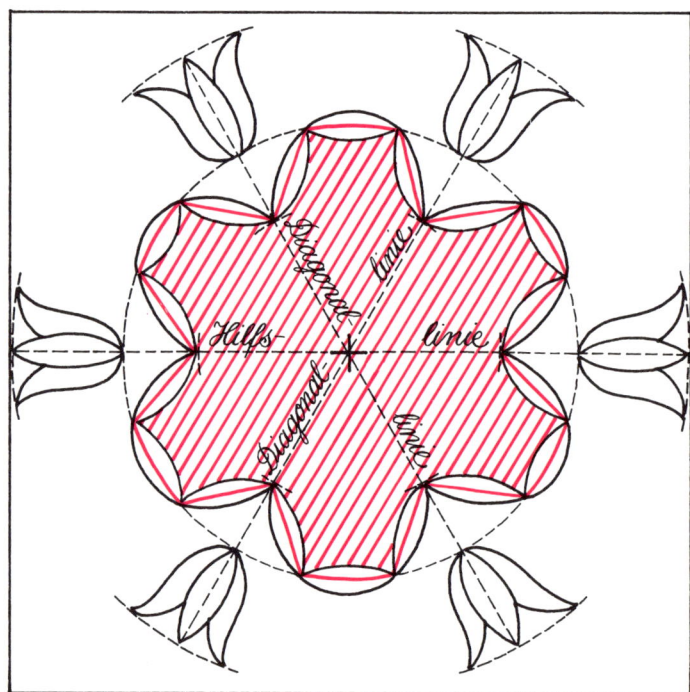

Tulpenkranz im
Originalmaßstab für den
1:5-Entwurf

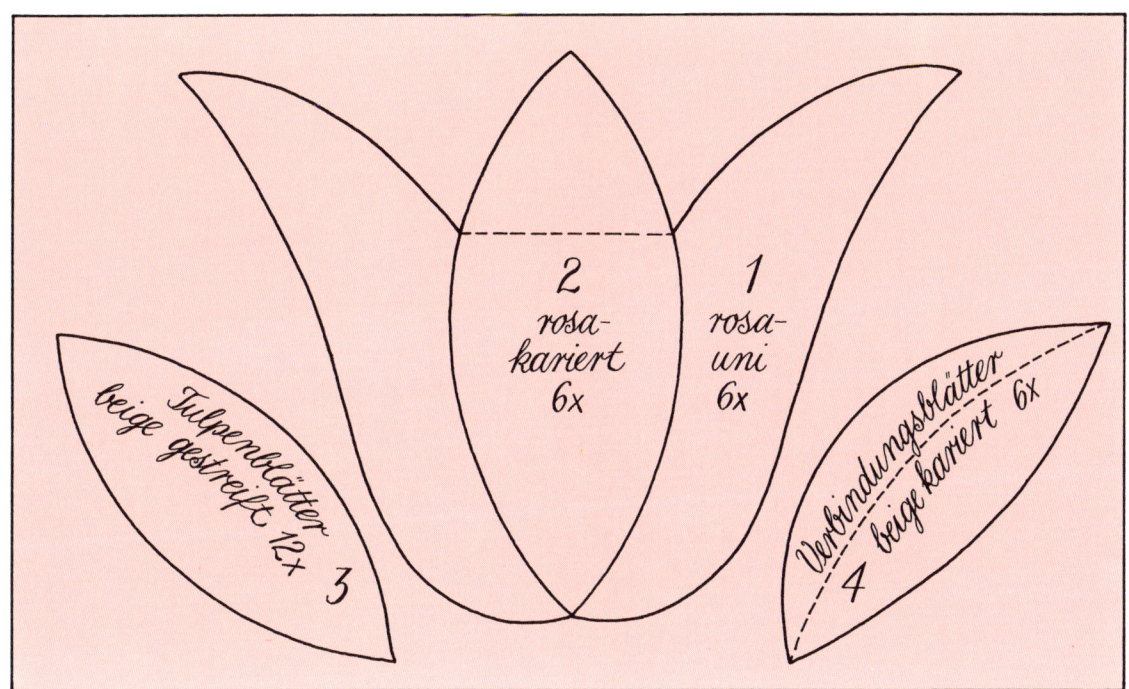

Zeichnung rotschraffierte Innenfläche wird herausgeschnitten, die Schnittlinien gehen längs durch die Blättermitten, wie Rot eingezeichnet.
Nun werden noch die Ganz- und Einzelteil-Zuschnittschablonen hergestellt.

Ausführende Arbeiten

Nach dem üblichen Unterbügeln der Stoffrückseiten mit Klebeeinlagen werden die Randstreifen an den Ecken schräg zugeschnitten, dort aneinandergenäht und die Innenkanten 0,5 cm umgebügelt. Sie werden rechts auf links (!) ringsherum an die zugeschnittene Innenfläche 70 × 70 cm (+ Nahtzugabe) genäht, auf die rechte Stoffseite der Innenfläche gesteckt und knappkantig aufgenäht.

Wie immer wird die Rückseite der Innenfläche in der Mitte mit einem Stück Klebevlieseline (45 × 45 cm) leicht bebügelt. Nach dem Zuschnitt der Tulpen und Blätter wird die originalgroße Transparentpapier-Schablone auf die Mitte des fertigen Untergrunds gesteckt (ausmessen!) und mit weichem Bleistift die Innenkonturen eingezeichnet (Anhaltslinien für alle Blätter). Die zusammengesteckten Tulpen werden an die richtigen Stellen geschoben und festgesteckt. Nach Fortnahme der Schablone werden auch die Blätter auf die Bleistiftlinien gelegt und festgesteckt. Die Tulpen und Blätter werden mit weitem, die Stengel mit engem Zickzackstich appliziert. Die Klebevlieseline auf der Rückseite wird nun abgezogen. Endbügeln, fertig.

Blumenstrauß: Set und Tischdecke

Foto unten
Foto Seite 71

Dieses zierliche Blumensträußchen ist vielseitig verwendbar. Als Vorderteil-Schmuck auf einem Pulli, auf einer Kissenplatte, wattiert und abgesteppt, oder, wie hier vorgestellt, auf einem unwattierten Set bzw. aneinandergereiht in sanften Ton-in-Ton-Farben für eine aufwendige Mitteldecke.

Set – Arbeitsschritte

1. Schritt

Maßstabzeichnung 1:5 auf Kanzleipapier. Das Set ist originalgroß 33 × 43 cm. Die Randstreifen sind 2,5 cm breit (Originalmaße durch 5 dividiert = 1:5-Maße auf dem Papier). Das Sträußchen mit harmonischem Abstand in die linke obere Ecke skizzieren (wenn Geschirr auf dem Set steht, sollte das Motiv noch sichtbar sein).

2. Schritt

Zuschnittmaße von Innenfläche, Randstreifen und Klebeeinlagen dem 1:5-Entwurf entnehmen und mit Nahtzugaben notieren.

3. Schritt

Von der originalgroßen Motivzeichnung das ganze Sträußchen auf Transparentpapier durchpausen und die Zuschnittschablonen der Blüten- und Blätter-Einzelteile aus Karton herstellen.

4. Schritt

Zuschnitt der Klebeeinlagen aus Sanfor und Vlieseline, Unterbügeln der Stoffrückseiten mit den Klebeeinlagen; Zuschnitt der Innenfläche, der Randstreifen, Blüten, Blätter und Schleife.

5. Schritt

Die gesäumten Randstreifen an die Innenfläche nähen und die Transparentpapier-Schablone mit dem ganzen Sträußchen in der richtigen Lage auf die fertige Innenfläche stecken. Alle zugeschnittenen Blüten und Blätter in die vorgezeichneten Positionen schieben und feststecken. Das Transparentpapier an den Stengellinien mit ca. 1,5 cm Abstand mit spitzem Bleistift durchbohren und Markierungspunkte auf dem Untergrundstoff anbringen.

6. Schritt

Applizieren mit dichter Raupe und farblich passendem Faden. Abziehen der Klebevlieseline von der Set-Rückseite.

7. Schritt

Eventuell die Randstreifen nicht vorsäumen, sondern das ganze Set mit dünnem Batistfutter verstürzen.

Letzter Schritt

Endbügeln.
(Röschen, Tulpe, Schleife können auch als Einzelmotive für Sets gearbeitet werden.)

Tischdecke – Arbeitsschritte

Die Decke ist aus 9 Quadraten zusammengesetzt, deren mittleres leer bleibt. Sie werden durch Längs- und Querstreifen miteinander verbunden und durch breite Randstreifen eingerahmt. Die Decke ist aus Leinen und Popeline und wird ganz mit dünnem Batist gefüttert, um die auseinandergebügelten Zwischennähte auf der Rückseite zu bedecken. Für diese Decke wurden 5 Ton-in-Ton-Farben gewählt, und zwar: Mittel-Oliv für den Untergrundstoff der 9 Quadrate; Weiß-Oliv, klein gestreift, für alle Zwischen- und Randstreifen und einige Motiv-Einzelteile; Uni-Weiß und Weiß-Oliv, getupft, für andere Motivteile; und für die Blätter ein dunkleres Uni-Oliv als es der Untergrundstoff ist.

1. Schritt

Maßstabzeichnung 1:5 auf Kanzleipapier. Die folgenden Originalmaße wie gewohnt durch 5 dividieren: Die ganze Decke ist 96 × 96 cm groß, die 9 Quadrate sind je 27 × 27 cm, die 6 inneren Längsstreifen sind 2,5 × 27 cm, die 2 inneren Querstreifen sind 2,5 × 86 cm und die äußeren Randstreifen 5 × 96 cm groß. Alles sind Fertigmaße, deren Nahtbreiten dazugegeben werden müssen. Bei der Einskizzierung der Sträuße genügen schräge bzw. gerade Richtungsstriche der unteren Stengel, da eine originalgroße Zeichnung des ganzen Straußes vorhanden ist.

2. Schritt

Die Zuschnittmaße von Quadraten, Zwischen- und Randstreifen, Batistfutter und Klebeeinlagen dem 1:5-Entwurf entnehmen und einschließlich Nahtzugaben notieren.

3. Schritt

Von der originalgroßen Motiv-Zeichnung das Sträußchen 2mal kopieren: einmal *gerade* in die Mitte eines 27 × 27 cm großen Transparentpapier-

Mitteldecke »Blumenstrauß«

Quadrates und einmal *schräg* von Ecke zu Ecke auf ein Transparentpapier gleicher Größe. Das sind die Schablonen, um später die Lage der Motive auf den 4 Mittel- und den 4 Eck-Quadraten der Decke zu bestimmen. Für den Zuschnitt der Blüten und Blätter die Ganz- und Einzelteilschablonen aus Karton herstellen und mit Nummern und Farbbezeichnung beschriften.

4. Schritt

Zuschnitt der Klebeeinlagen aus Sanfor (Zwischen- und Randstreifen) und Vlieseline (Untergrundverstärkung der Quadrate und aller Motiv-Einzelteile). Zuschnitt der 9 Quadrate und Unterbügeln der Stoffrückseiten mit Klebeeinlagen. Zuschnitt aller Streifen und aller Einzelmotivteile.

5. Schritt

Die beiden Transparentpapierschablonen auf die unterbügelten Stoffquadrate stecken (4mal gerade und 4mal schräg), alle zugeschnittenen Blüten, Blätter und Schleifen in die vorgezeichnete Lage schieben und feststecken. An den Stengellinien das Transparentpapier in ca. 1,5 cm Abstand mit spitzem Bleistift durchbohren und Markierungspunkte auf den Stoff übertragen.

6. Schritt

Applizieren mit dichter Raupe und passendem Faden normaler Qualität. Stengel und Tulpenstempel mit dichter, breiter Applikationsraupe nähen.

7. Schritt

Abziehen der Klebevlieseline von den Rückseiten der Quadrate und Nachmessen der 8 applizierten und des leeren Mittelquadrates, weil sie durch die Applikation eventuell kleiner geworden sind. Alle Quadrate auf einheitliche Größe beschneiden.

8. Schritt

Annähen der 6 kurzen Längs-Zwischenstreifen an die je 3 oberen, mittleren und unteren Quadrate,

dabei die Richtung der Sträuße beachten: Die unteren Stengel sollen zur Mitte der Decke weisen.
Nach dem Auseinanderbügeln der Nähte folgt das Annähen der beiden langen Quer-Zwischenstreifen oben und unten an die mittlere, zusammengenähte Quadratreihe. Nach Auseinanderbügeln der Nähte wird dieses mittlere Teil sorgfältig an die obere und untere zusammengenähte Quadratreihe gesteckt und genäht.
Achtung: Die kurzen Längsstreifen der 3 Teile müssen jeweils genau gegenüberliegen, sonst wirkt die fertige Decke verschoben.
Dann wieder die letzten Nähte auseinanderbügeln und die 5 cm breiten Randstreifen annähen.

9. Schritt

Die ganze Decke sorgfältig glatt bügeln, weil sie ganz mit dünnem Batist verstürzt wird. Danach die Außenkanten-Verstürznaht bügeln. Auf der rechten Seite der Decke alle Zwischen- und Randstreifen mit dem Futter feststecken und an beiden Seiten aller Streifen knappkantig absteppen. Das sind 16 Geradstichnähte!

Letzter Schritt

Endbügeln.

Mein Tip
Statt der unteren Stengel kann auch ein Körbchen mit der Schleife geschmückt werden.

Weihnachts-Tischläufer   Foto

Dieser festliche Tischläufer ist 45 × 105 cm groß, ungefüttert und mit 2,5 cm breiten Randstreifen versehen. Die pastellfarbenen Engel, Tannen und Sterne sind aus unifarbenen, gestreiften und zartkarierten Baumwollstoffen zugeschnitten und auf cremefarbenem Leinenuntergrund appliziert. Die breite, dichte Applikationsraupe ist aus goldfar-

benem, metallischem Effektfaden, gezwirnt und nicht oxidierend, der laut Beizettel der Herstellerfirma chemisch gereinigt oder »wie Wolle« gewaschen und gebügelt werden kann. Er wird wie normales textiles Garn mit 80er Nadel verarbeitet. Der Spulenfaden sollte beigefarbenes Synthetiknähgarn sein.

Arbeitsschritte

1. Schritt

Maßstabzeichnung 1:5 auf Kanzleipapier (Maße siehe oben). Lage und Anzahl der Engel, Tannengruppen und Sterne als Anhaltspunkte für die originalgroße Transparentpapier-Schablone flüchtig einskizzieren. Die Zuschnittmaße für Innenfläche, Randstreifen, Sanfor- und Vlieseline-Klebeeinlagen dem 1:5-Entwurf entnehmen und mit Nahtzugaben notieren (die wichtige Klebevlieseline-Unterlage für die ganze Innenfläche ist z.B. ca. 32 × 92 cm groß).

2. Schritt

Von der originalgroßen Motivezeichnung den Engel, die Tannengruppe und die verschiedenen Sterne mit allen Innenlinien auf einzelne Transparentpapierstücke kopieren (grafische Vorlage der Motive siehe Seiten 74 und 75). Die inneren, gestrichelten Linien sind keine Schnittkanten, sondern werden mit Applikationsraupe genäht. Mittelpunktkreuze und Numerierung übernehmen. Herstellen der Ganz- und Einzelteil-Schablonen aus Karton, die mit entsprechenden Untertritten versehen werden. Herstellen der originalgroßen Transparentpapier-Schablone, die mit kariertem Kanzleipapier unterlegt wird. Es genügt die halbierte Größe, also 45 × 52,5 cm, da das durchscheinende Transparentpapier die Lage der Motive auch bei Umwendung auf die andere Hälfte der Stoffuntergrundfläche erkennen läßt. Die Randstreifenbreite wird ringsherum eingezeichnet und in 5 cm-Abstand davon die Anlagelinie für die Engel und Tannen. Zuerst die zentrale Position der Engel durch Mittelpunktkreuze fixieren und dazwischen die Lage der Tannen und Sterne ausmessen und anzeichnen. Dann die kleinen Transparentpapier-Einzelmotive unterschieben und alle Engel, Tannen und Sterne nachzeichnen.

3. Schritt

Zuschnitt der Innenfläche (fadengerade) und der verschiedenen Klebeeinlagen. Die gewählten Stoffe auf der Rückseite mit Klebeeinlage unterbügeln und die Randstreifen und alle Motiv-Einzelteile in entsprechender Anzahl zuschneiden. Achtung: Die Tannengruppen sind spiegelgleich, also 2 Paare, die Schablonen müssen beim Aufzeichnen einmal gewendet werden. Zusammenstecken der zugeschnittenen Einzelteile von Engeln und Tannen auf den Ganzschablonen. Markieren der zu applizie-

⊕ = Mittelpunkt

renden Innenlinien durch Auflage der Transparentpapier-Einzelmotive und Durchbohren der Innenlinien mit spitzem Bleistift (Markierung auf dem Stoff).

4. Schritt
Applizieren aller Innenlinien der 4 Engel und der 4 Tannengruppen. Annähen der Randstreifen an die Innenfläche. Die Verarbeitung erfolgt wie bei der Tischdecke mit Tulpenkranz (Seite 64). Die rechte Stoffseite der Streifen wird also an die linke Stoffseite der Innenfläche genäht und mit umgebügelter Naht knappkantig auf die Vorderseite gesteppt (die Ecken vorher schräg zusammennähen).

5. Schritt
Aufstecken der halben, originalgroßen Transparentpapier-Schablone auf den fertigen Untergrundstoff. Unterschieben der innen fertig applizierten Engel und Tannen und der verschieden großen Sterne an die vorgezeichneten Stellen und Feststecken aller Einzelmotive. Nach Umklappen der Transparentpapier-Schablone auf die andere Hälfte des Läufers die Prozedur wiederholen.

6. Schritt
Applizieren der Außenkonturen aller Motive. Abziehen der Klebevlieseline von der Rückseite der Innenfläche.

Letzter Schritt
Endbügeln. Wegen des Metallfadens der Applikationen wird das Zwischenlegen eines trockenen Tuches empfohlen. Die Temperatur des Eisens kann dann höher sein (verwendete Stoffe = Leinen und Baumwolle) als für Wolle.

⊕ = Mittelpunkt

Mein Tip
Diese Weihnachtsmotive eignen sich auch – gleichmäßig oder ungleichmäßig verteilt – für eine quadratische Mitteldecke oder eine runde Decke. Besonders hübsch und fröhlich wirken die Motive in rot-weiß-gold-farbenen Stoffen auf dunkelgrünem Untergrund, auch als Einzelmotiv auf Weihnachts-Sets. Eine hübsche Idee ist auch der Adventskalender: Bäumchen und Sterne für die Tage der Adventszeit, der Engel für den Heiligen Abend.

Kissen und Tagesbettdecken

Diese Applikationsarbeiten – ebenso auch die Wandteppiche und Stoffbilder – werden technisch nach demselben Prinzip hergestellt. Die Verarbeitungstechnik ist allerdings aufwendiger als bei der vorher beschriebenen Tischwäsche.

Grundsätzlich ergeben sich folgende zusätzliche oder abweichende Arbeitsgänge:

1. Der meist in viele Flächen unterteilte Untergrund, im 1:5-Maßstab angelegt, *muß* in Originalgröße gezeichnet werden.
2. Die großen, darauf applizierten Motive bestehen aus vielen Einzelteilen und erhalten eine 2 mm dicke Schaumstoffunterlage, die auf der Rückseite mit Klebevlieseline unterbügelt ist und mittels der Ganzschablone zugeschnitten wird. Alle Innenlinien der zusammengesteckten Motive werden durch-und-durch appliziert, erst dann erfolgt die Auflage der Motive auf den fertig zusammengenähten Untergrundstoff und die Applikation der Außenkonturen.
3. Alle oben angeführten Artikel erhalten ganzflächig eine 1–2 cm dicke Dacronwatte-Unterlage. Alle Nähte der Untergrundfläche und alle Konturen der darauf applizierten Motive werden mit Geradstich durch-und-durch nachgenäht.
4. Jede wattierte Applikationsarbeit *muß* an der Unterseite ganzflächig gefüttert werden. Zusätzliche Steppnähte verbinden den oberen Untergrundstoff, die mittlere Watteeinlage und den unteren Futterstoff miteinander.

Tagesbettdecken

Die Schwierigkeit bei der Herstellung einer großen Tagesbettdecke besteht in der Bewältigung der Stoffmassen während des Nähvorgangs auf der Nähmaschine. Durch folgende Maßnahmen wird der Arbeitsablauf erleichtert:

1. Ein ca. 75 × 120 cm großer Tisch, direkt hinter der Nähmaschine stehend, ist notwendig, um den Eigenzug des Materials auszuschalten und die wellenförmig gefalteten Stoffmassen während des Nähvorgangs aufzunehmen.
2. Die Decke wird in mehrere rechtwinklige Einzelbahnen zerlegt, die jede für sich appliziert, wattiert und abgesteppt werden. Danach werden die Bahnen von der Mitte nach außen gehend zusammengenäht (ohne die Watte mitzufassen) und die losen Wattekanten auf der Rückseite durch Aufbügeln von 4 cm breiten Klebevlieseline-Streifen zusammengehalten. Auseinanderbügeln der Verbindungsnaht vor dem Aufbügeln der Klebstreifen und Durchsteppen (von rechts) danach sind obligatorisch.

Die Größenberechnung einer Decke richtet sich nach der Größe der Bettfläche, der Höhe des Bettes und dem Betttyp. Aus Schönheitsgründen sollte die Decke an den Seiten bis auf den Fußboden reichen. Bei normalem Bett mit hochragendem Kopf- und Fußteil wird dem Bettflächenmaß an den Seiten das Höhenmaß (meist 40 cm) 2mal dazugerechnet. Kopf- und Fußseite erhalten nur je

15 cm Zugabe zum Einschlagen nach innen. Das französische Bett mit Kopf-, aber ohne Fußteil erhält an 3 Seiten die Höhenmaßzugabe und nur an der Kopfseite 15 cm Einschlagzugabe. Die freistehende Liege (Matratze mit 4 Füßen ohne Kopf- und Fußteil) erhält zu dem Bettflächenmaß an allen 4 Seiten die Höhenmaßzugaben.

Mein Tip

Durch die dicke Wattierung, das Applizieren und das häufige Absteppen aller Längs- und Quernähte schrumpft die Decke während der Verarbeitung. Es empfiehlt sich daher, die äußeren Randstreifen, Watte und Futter mit ca. 5 cm Zugabe ringsherum zuzuschneiden. Vor dem Füttern muß die Decke dann nachgemessen und eventuell beschnitten werden.

Kissen »Ananas« Foto Seite 78

Dieses einfach und schnell herzustellende, attraktive Kissen ist ganz aus dezentfarbener Seidenduchesse gearbeitet. Die Innenfläche ist champagnerfarben, Randstreifen und Rückenplatte sind in einem Mokkaton gehalten. Es sind nur 1 Ganz- und 5 Einzelteil-Schablonen erforderlich, und zwar: das Blätterteil und das äußere Ananasteil, beide mokkafarben wie die Randstreifen, das obere und das innere Ananasteil in Matt-Orange und die Ananasmitte in Altrosa.

Arbeitsschritte

1. Schritt

Maßstabzeichnung 1:5 auf Kanzleipapier. Originalgröße des Kissens 40×40 cm, Randstreifenbreite 3 cm. Abpausen der Ananas von der Abbildung auf Seite 78 mit allen inneren Karobögen und Mittelpunkten. Vergrößern auf 20 cm Breite

und 28 cm Höhe (einschließlich Blättern) auf Transparentpapier. Herstellen der Ganz- und Einzelteil-Schablonen aus Karton. Notieren aller Zuschnittmaße der Kissen-Rückenplatte und der Kissen-Vorderplatte, die aus Innenfläche, Randstreifen, Dacronwatte-Zwischenlage (1 cm dick) und Jerseyfutter-Unterlage (50×50 cm groß) besteht. Weiter Notieren der dazugehörigen Klebevlieseline-Einlagen. Bei weicher Duchesse besonders wichtig für problemlose Verarbeitung: 2 cm breite Streifen an den Schnittkanten der Innenfläche und der Kissen-Rückenplatte anbringen und die Innenfläche mit ca. 30×30 cm großem Klebevlieselinestück unterkleben. Weiter Ausmessen und Notieren der Ananas-Zuschnittmaße: Schaumstoffunterlage, Klebevlieseline und alle Einzelteile.

2. Schritt

Zuschnitt der Klebeeinlagen für Kissenuntergrund und Ananasmotiv-Einzelteile. Unterbügeln der Untergrund- und Einzelteilstoffe mit Klebeeinlagen. Zuschnitt der Untergrundstoffe, der Ananasmotiv-Schaumstoffunterlage mittels der Ganzschablone und aller Motiv-Einzelteile. Zusammenstecken der zugeschnittenen Ananas-Einzelteile auf der Ganzschablone von außen nach innen, denn die Untertritte befinden sich an den inneren Schnittkantenbögen der äußeren Ananasteile. Das altrosa Mittelteil und das Blätterteil haben keinen Untertritt und werden zuletzt aufgesteckt. Einzeichnen aller Karo-Innenlinien und der Mittelpunkte anhand der Transparentpapierzeichnung (Markierungspunkte mit Bleistift durch das Papier bohren). Unterlegen des fertig zusammengesteckten Ananas-Motivs mit der vlieselinebeklebten Schaumstoffunterlage, die ringsherum 2 mm kleiner sein muß, um nicht herauszuschauen. Feststecken. Dabei die glatte Vlieselineseite nach unten legen, damit die Arbeit beim Applizieren der Innenlinien auf der Nähmaschine gut gleitet.

Kissen »Ananas«, 40 × 40 cm

3. Schritt

Applizieren aller inneren Schnittkanten- und eingezeichneten Karobögen des Motivs mit goldfarbenem, metallischem Effektfaden (gezwirnt und nicht oxidierend) oder mokkafarbenem Synthetikgarn. Mittelpunkte der inneren Ananaskaros mit dichter, ca. 0,4 cm langer Applikationsraupe nähen. Annähen der Randstreifen an die Innenfläche. Anschließend Aufstecken des Ananasmotivs auf die Mitte der Innenfläche. Applizieren der Außenkonturen.

4. Schritt

Abziehen der Klebevlieseline von der Rückseite der Innenfläche. Unterlegen der Dacronwatte, die ringsherum 1 cm kleiner sein muß, um bei der späteren Verstürznaht mit der Kissen-Rückenplatte nicht mitgefaßt zu werden. Feststecken der Watte an den Außenkanten und den Ananas-Konturen. Steppen zwischen Randstreifen und Innenfläche und entlang den Konturen des Ananas-Motivs mit farblich passendem Faden.

5. Schritt

Unterlegen der wattierten und abgesteppten Kissenplatte mit dem Jerseyfutter, das ringsherum ca. 4 cm größer sein soll, und überall feststecken. Auf der rechten Kissenplattenseite mit weitem Zickzackstich die Kanten ringsherum versäubern und das überstehende Futter knappkantig abschneiden. »Durch-und-Durch«-Naht mit 1 cm Abstand zum Randstreifen auf die Innenfläche steppen. Versäubern der Kissen-Rückenplatte mit weitem Zickzackstich.

6. Schritt

Einnähen eines 30 cm langen Reißverschlusses an die untere Seite zwischen Vorder- und Rückenplatte. Verstürzen, wenden.

Letzter Schritt

Endbügeln.

Kissen »Elefant« Foto Seite 80

Dieses 70 × 70 cm große Kissen mit dem dekorativen, weißen Elefanten ist aus glänzender, unifarbener Seidenduchesse und goldfarben beschichtetem Lackstoff hergestellt. Der Untergrund ist aus schrägen und geraden Flächen zusammengenäht, mit einem medaillonförmigen Mittelteil. Die Innenflächen des Elefanten-Motivs sind durch parallele Abstepplinien, karo- und tupfenförmige, dünne Applikationsraupen reich strukturiert und durch die dicke Dacronwatte-Unterlage besonders plastisch betont. Der Elefant und die 4 Sterne auf den Ecken sind mit goldfarbenem Effektfaden mit dichter Raupe appliziert.

Statt der Duchesse können auch kleingemusterte, fernöstliche Baumwollstoffe verwendet werden, z.B. die zauberhaften, geblümten indischen Tücher mit eingewebten Goldfäden. Ebenfalls können Innen- und Außenkonturen auch mit normalem, beigefarbenem Nähgarn appliziert werden. Überhaupt ist das Elefant-Motiv durch die Satteldecken, die Stirnkappe und das Zaumzeug besonders dekorativ (später wird es als Mittelteil einer großen Tagesbettdecke und als Detail des Wandteppichs »Persischer Hof« vorgestellt werden). Auch die Größe kann variiert werden. Die Untergrund- und die Innenflächen des Elefanten sind dann etwas kleiner und einfacher eingeteilt.

Das Kissen ist 50 × 60 cm groß. Die Kissenplatte ist wattiert, abgesteppt und gefüttert.

Material: Uni-Duchesse.
Applikationsgarn: goldfarbener Effektfaden.

Schablonen

Untergrundfläche: 8 Schablonen, 6 verschiedene Stoffe.
Elefant-Motiv: 30 Schablonen, ca. 10 verschiedene Stoffe.
Zuschnittplan erforderlich!

Kissen »Elefant«, 70 × 70 cm

Arbeitsschritte

1. Schritt

Maßstabzeichnung 1:5 auf Kanzleipapier. Unterteilungslinien des Untergrunds einzeichnen (von der Abbildung abpausen). Innere Flächen von 1–7 numerieren. Lage des Elefanten und der Sterne (Nr. 8) flüchtig skizzieren. Vergrößerung des Untergrunds auf Kanzleipapier in Originalgröße 50 × 60 cm. Einzeichnen der Innenlinien des Untergrunds durch rechnerische Vergrößerung = Maße mit 5 multiplizieren.

Abpausen des Elefanten von der Abbildung mit allen Innenlinien und dem rot-gezeichneten Raster

Das Kissen im originalgroßen 1:5-Maßstab. Die einzelnen Flächen (1–7) und die Sterne (8) werden rechnerisch, der Elefant zeichnerisch vergrößert.

und Vergrößern auf Originalgröße (Transparentpapier auf Kanzleipapier). Der Elefant ist 45 cm breit und 37 cm hoch, Rasterlinienabstand ist 3 cm. Numerieren aller Innenflächen von 1–30.

2. Schritt

Herstellen der Zuschnittschablonen des Untergrunds durch Abpausen auf Karton und Anzeichnen der Nahtzugaben $(2 \times 0,7 = 1,5\,\text{cm})$. Identische Mittelzwicke an allen langen Schnittkanten verhindern das Verschieben beim späteren Zusammennähen. Übertragen der Numerierung und Beschriften mit Farbenbezeichnung und Anzahl der zuzuschneidenden Teile:

Schablonen Nr. 1 bis 4 = je 2 Teile
Schablonen Nr. 5 und 6 = je 4 Teile
Schablone Nr. 7 = 1 Teil

Herstellen der Ganz- und Einzelteil-Zuschnittschablonen des Elefant-Motivs durch Abpausen auf Karton und Anzeichnen der Untertrittzugaben (vorher auf der Ganzschablone kleine Wellenlinien an die Schnittkanten zeichnen, welche Untertritte erhalten sollen). Schablonen mit Numerierung, Farbbezeichnung und Anzahl der zuzuschneidenden Teile beschriften.

Nach dem Ausschneiden alle Schablonen einer Stoffarbe sparsam auf möglichst rechtwinklige Stücke des zugehörigen Materials legen zwecks Feststellen der Verbrauchsmaße (Anlage des Zuschnittplans siehe Seite 51). Eintragen der gefundenen Verbrauchsmaße von Untergrund- und Motivstoffen mit zugehörigen Klebeeinlagen (meist identisch) in die entsprechenden Spalten des Zuschnittplans, ebenso für Schaumstoff, Futter und Dacronwatte.

3. Schritt

Zuschnitt der Klebeeinlagen, der Watte, des Futters und der Rückenplatte nach Plan. Aufbügeln der Klebeeinlagen auf die Stoffrückseiten. Auflage und

Zeichnung der Untergrund-Schablonen, der Ganzschablone des Elefanten aus beklebtem Schaumstoff und aller Einzelteil-Schablonen.

Achtung: Schablonen umdrehen, Teile sonst seitenverkehrt!
Ausschneiden aller Stoffteile.

4. Schritt

Zusammennähen der Untergrundteile und Auseinanderbügeln jeder fertigen Naht. Auf- und Zusammenstecken der Elefant-Einzelteile auf der Ganzschablone. Abheben und auf die Schaumstoffunterlage (2 mm kleiner) stecken.

5. Schritt

Applizieren aller Innenlinien des Elefanten. Applizieren der 4 Sterne auf die Untergrunddecken. Auflage und Feststecken des Elefanten auf den Untergrundstoff (Lage mittels Transparentpapier-Zeichnung feststellen). Applizieren der Außenkonturen. Abziehen der rückseitigen Klebevlieseline.

6. Schritt

Unterlegen der fertiggenähten Kissenplatte mit 1 cm dicker Dacronwatte. Feststecken, Nachnähen aller Innennähte des Untergrunds und der Elefant-Außenkonturen. Eventuell zusätzliche Steppnähte parallel zu Randstreifen und mittlerer Innenfläche anbringen. Beschneiden der Watte, sie soll ringsherum 1 cm kleiner sein als die Kissenplatte.

7. Schritt

Fertig wattierte und abgesteppte Kissenplatte mit ca. 4 cm größerem Jerseyfutter unterlegen und feststecken. Zusammennähen der Außenkanten durch Versäubern mit weitem Zickzackstich. Knappkantiges Abschneiden des überstehenden Futters. Mehrere Verbindungsnähte (Oberstoff mit Watte und Futter) parallel zu den Innenlinien des Untergrunds steppen (vorher stecken!). Versäubern der Rückenplatte mit weitem Zickzackstich.

8. Schritt
Zusammennähen der Kissen-Vorderseite mit der Rückenplatte an den unteren Kanten, dabei 50 cm für den Reißverschluß offen lassen. Diesen einnähen, verstürzen, wenden.

Letzter Schritt
Endbügeln.

Tagesbettdecke »Elefant«

Foto Seite 86

Diese Decke ist für eine freistehende Liege von 40 cm Höhe und 150 × 200 cm Bettflächengröße bestimmt. Das Deckenmaß ist entsprechend groß, nämlich 230 × 280 cm.

Material: Baumwolle, Wolle, Wildseide.
Überblick: Die ganze Decke ist mit 1,5 cm dicker Dacronwatte wattiert, abgesteppt und mit Charmeuse-Jersey gefüttert. Der in viele Innenflächen eingeteilte Untergrund ist mit folgenden Einzelmotiven appliziert (von innen nach außen):

Elefant im Mittel-Medaillon,
4 Eck-Quadrate mit Sternen,
geschwungene Ornamente auf 4 Teilen,
Schmuckstein-Rhomben und Palmen auf 2 Teilen,
gleichmäßig verteilte Sterne auf den äußersten Randstreifen.

Arbeitsschritte

1. Schritt
Maßstabzeichnung 1:10 mit allen eingezeichneten Innenlinien und skizzierten Einzelmotiven. Einzeichnen der Bettfläche mit Blaustift. Einzeichnen der Einzelbahnen, die jede für sich appliziert, wattiert und abgesteppt werden, mit Rotstift. Es sind hier 7 Bahnen: das Mittelstück mit Elefant und Or-

namenten, 2 Palmen-Rhomben-Bahnen und die 4 Randstreifen-Bahnen, aus je 2 Längs- und Querstreifen zusammengesetzt.
Vergrößerung auf Originalmaß (siehe dazu Seite 46): zeichnerische Vergrößerung der Einzelmotive und des Untergrund-Mittelstücks, rechnerische Vergrößerung aller anderen rechtwinkligen Untergrundflächen.

2. Schritt
Herstellen der Zuschnittschablonen aus Karton: alle Ganz- und Einzelteil-Schablonen der Motive und alle Einzelteil-Schablonen des Untergrund-Mittelstücks.
Anlage des Zuschnittplans (siehe dazu Seite 51): Eintragen aller rechnerisch ermittelten Zuschnittmaße des Untergrunds mit Sanfor-Klebeeinlagen. Eintragen der durch Schablonenauflage ermittelten Verbrauchsmaße für die Einzelmotive, für das Untergrund-Mittelstück sowie für die 2 mm dicken Schaumstoffunterlagen der Einzelmotive. Eintragen aller dazugehörigen Klebevlieselinemaße und der 7 Wattebahnen.

3. Schritt
Zuschnitt der Klebeeinlagen aus Sanfor und Vlieseline, der Wattebahnen und des Futters. Aufbügeln aller Klebeeinlagen auf die Rückseiten der Untergrund-, Einzelmotiv- und Schaumstoffe. Aufzeichnen der errechneten Untergrundmaße mit Bleistift und Lineal. Auflegen und Aufzeichnen der Schablonen der Einzelmotiv-Teile, der 3 Untergrund-Mittelstücke und der Schaumstoffunterlagen.
Achtung: Schablonen umdrehen, Teile sonst seitenverkehrt!
Ausschneiden aller Teile.

4. Schritt
Vorbereiten des Mittelstücks: Zusammenstecken der Elefanten-Einzelteile auf der Ganzschablone, Applizieren der Innenlinien auf der Schaumstoffunterlage. Aufstecken des Elefanten auf das Mittel-

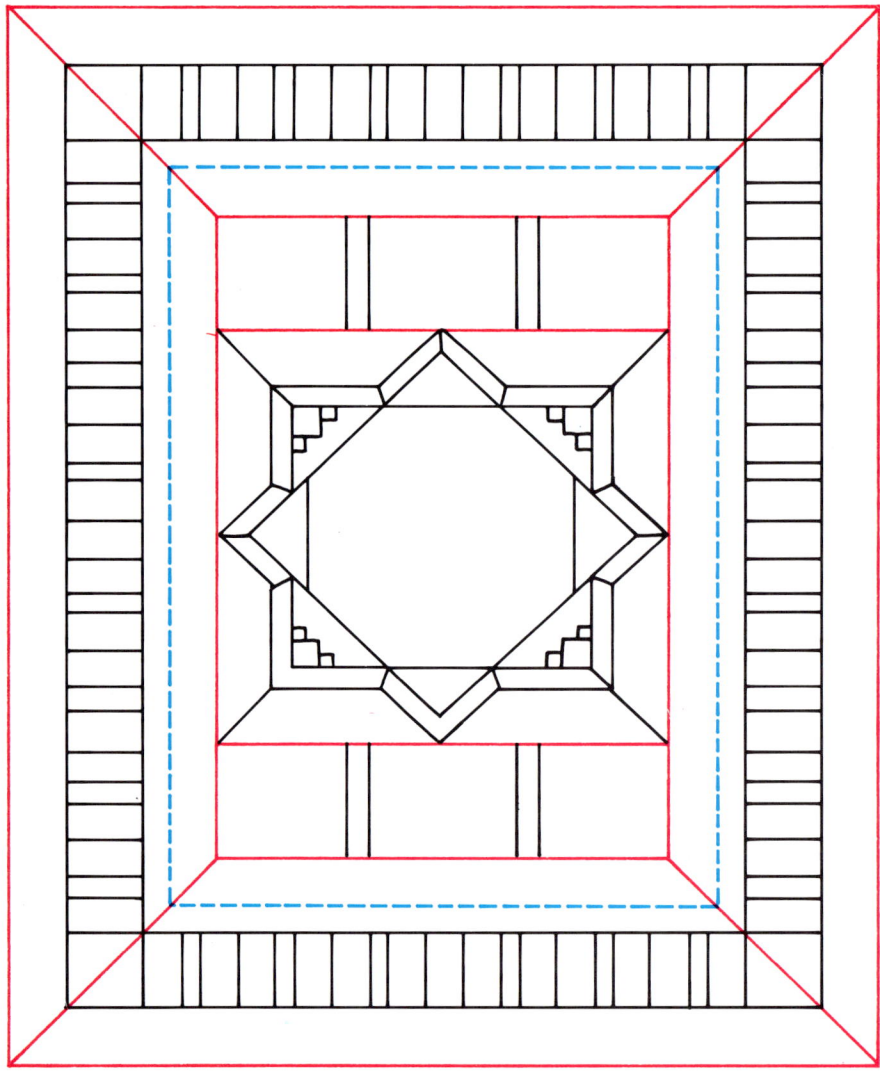

Zeichnung des Untergrunds im Maßstab 1:20 (aus Platzgründen nicht 1:10, wie im Text beschrieben)

stück. Aufstecken der Sterne auf die 4 Eck-Quadrate und der Ornamente auf die 4 Anschlußteile. Applizieren aller Außenkonturen.

Zusammennähen der applizierten Teile von von innen nach außen: an das Elefanten-Mittelteil die Sterne-Eck-Quadrate, daran die braunen Medaillon-Rahmenteile und daran die Ornamentteile. Das fertige Mittelstück soll 110 cm hoch und 120 cm breit sein. Die Nähte auseinanderbügeln, das Wattestück darunterstecken und alle Nähte und Konturen nachsteppen.

5. Schritt

Vorbereiten der 2 Palmen-Rhomben-Bahnen: Zusammenstecken der Palmen-Einzelteile auf der Ganzschablone, Applizieren der Innenlinien auf den Schaumstoffunterlagen. Aufstecken der Palmen und der Rhomben auf die zugehörigen Untergrundteile und Applizieren aller Außenkonturen. Zusammennähen mit den Zwischenstreifen in entsprechender Reihenfolge. Die fertigen Bahnen sollen 30 cm hoch und 120 cm breit sein. Die Nähte auseinanderbügeln, das Wattestück darunterstekken und alle Nähte und Konturen nachsteppen.

6. Schritt

Vorbereiten der 4 Randstreifen-Bahnen: die verschieden-farbenen Rechtecke der 4 Randstreifen in der richtigen Reihenfolge zusammennähen und die Nähte auseinanderbügeln. Nach innen hin die schmalen grünen und daran die breiten, persisch gemusterten Streifen annähen. Nach außen hin die mit applizierten Sternen versehenen braunen Streifen annähen. Nach Auseinanderbügeln der Nähte die Streifen wattieren und alle Längs- und Quernähte nachsteppen. Die fertigen Randstreifen-Bahnen sollen 55 cm breit sein und an den Ecken abgeschrägt.

7. Schritt

Zusammennähen der 7 Einzelbahnen. Das Aneinandernähen erfolgt grundsätzlich von innen nach außen. Jede Naht wird auseinandergebügelt, die losen Wattekanten werden auf der Rückseite mit aufgebügeltem Klebestreifen zusammengehalten und die Naht auf der Vorderseite nachgenäht, bevor die nächste Einzelbahn angenäht wird. Also

Palmen-Rhomben-Bahnen oben und unten an das Elefant-Mittelstück nähen und daran an allen 4 Seiten die Randstreifen-Bahnen. Eine Kante der schräg zugeschnittenen Ecken nahtbreit nach innen umbügeln und knappkantig von rechts auf die andere Kante aufsteppen.

8. Schritt

Füttern. Das Futter wird mit der ganzen Decke verstürzt. Oder es wird der Decke unterlegt, Futter und Stoff mit weitem Zickzackstich zusammengenäht und die Kanten mit Taft-Schrägstreifen versäubert; dabei werden die 4 Ecken leicht abgerundet. Nach dem Füttern muß die Decke mehrmals ringsherum abgesteppt werden: in jedem Fall in der Naht zwischen Bettfläche und Randstreifen und in Parallel- und Quernähten auf dem Randstreifen. Die betreffenden Nähte werden auf der Futterseite in 5 cm Abstand quer zur Naht gesteckt, sie sind durch das dünne Futter ertastbar. Es kommt vor, daß beim Übernähen der Stecknadeln auf der rechten Stoffseite die Nähnadel abbricht; ein Vorrat an Maschinennadeln ist deshalb angebracht (von rechts gesteckt verrutscht das Futter).

Mein Tip

Die Absteppnaht zwischen Innenfläche und Randstreifen ist schwierig zu nähen, da der dick wattierte Streifen 55 cm breit ist und nach und nach durch den 20 cm breiten Maschinendurchgang gezogen werden muß. Wenn der Streifen fest eingerollt wird, geht es besser.

Letzter Schritt

Endbügeln. Mit Dacronwatte wattierte Applikationsarbeiten dürfen nicht mit Dampf und nicht zu heiß gebügelt werden, da die Watte sonst zusammenfällt und zu dünn wird. Die ganze Decke wird stückweise auf einem großen Tisch mit zwischengelegtem trockenem Tuch bei »Wolle«-Einstellung gebügelt.

Tagesbettdecke
»Elefant«

Wandteppiche und Stoffbilder

Wandteppiche und Stoffbilder werden wie die vorher beschriebene Bettdecke hergestellt; sie unterscheiden sich nur nach dem Verwendungszweck. Allerdings sollte die Ganzwattierung nur 1 cm dick sein. An der oberen Rückseite muß in voller Teppichbreite eine Schaube (= Durchschlupf für eine Holzleiste zum Aufhängen, die mit Dübeln und Schrauben an der Wand befestigt wird) angebracht sein. Da an Wandteppichen ein 1 cm breiter, farblich abstechender Schrägstreifen-Randpaspel besonders hübsch aussieht und einfach zu nähen ist, wird die Verarbeitung mit dem Anbringen der Schaube kurz beschrieben.

Die Schaube wird aus demselben Futter wie die Teppich-Rückseite zugeschnitten. Das Zuschnittmaß ergibt sich aus der Teppichbreite und der doppelten Randstreifenbreite. Angenommen, der Teppich ist 120 cm breit und hat einen 6 cm breiten Randstreifen, dann ist das Zuschnittmaß 120 × 16 cm (einschließlich 4 cm Nahtzugabe). An den schmalen Seiten wird das Schaubenteil verstürzt (vorher mit 1 cm breiter Naht rechts auf rechts zusammengenäht), gewendet und an den Schnittkanten versäubert. Es ist jetzt 118 × 8 cm groß. Der Wandteppich muß ganz fertig sein, das heißt, mit Futter unterlegt und an den Kanten mit weitem Zickzackstich versäubert sein, bevor das Schaubenteil mit den Schnittkanten auf die obere Kante der Teppich-Rückseite gesteckt und genäht wird.

Für den Randpaspel werden so viele Schrägstreifen zugeschnitten, wie die Gesamtlänge (4 Teppichseiten) ausmacht: in 7 cm Breite und genau in 45 Grad-Stoffschräglage (= Diagonale von Ecke zu Ecke eines Quadrats). Die Streifen werden im geraden Fadenlauf aneinandergenäht und die Nähte auseinandergebügelt. Dann werden in der ganzen Streifenlänge die Schnittkanten aufeinandergelegt und der Bug (Stoffbruch) in voller Länge eingebügelt. Der Streifen ist jetzt 3,5 cm breit und bei großen Teppichen ca. 5–7 m lang. Er wird nun, ohne ihn zu dehnen, mit den Schnittkanten auf die Teppich-Vorderseite gesteckt und ringsherum mit 0,7 cm Nahtbreite aufgenäht (= 1. Paspelnaht). Danach wird der Schrägstreifen nach außen gebügelt und um die 0,7 cm-Naht herum auf die Rückseite des Teppichs geklappt. Dort wird er mit ca. 4 cm Stecknadel-Abstand quer zur Kante und mit den Köpfen nach außen festgesteckt (bei der Teppich-Oberkante auf die Schaube). Auf der Teppich-Vorderseite wird die 1. Paspelnaht ringsherum nachgenäht und dabei der Schrägstreifen auf der Rückseite mit festgenäht. Auf der Teppich-Vorderseite wird die 6 cm von der Kante entfernte Rahmennaht in voller Teppichbreite nachgenäht und dabei die Schaube auf der Rückseite oberhalb der Bugkante mitgefaßt (vorher stecken). Der Durchschlupf ist an beiden Seiten offen und breit genug, um eine 0,5 × 3 cm große Holzleiste von der Länge der Teppichbreite durchzuschieben.

Wandteppich
»Persischer Hof«

Wandteppich »Persischer Hof«
160 × 210 cm

Foto links

Dies ist die Darstellung des Besuchs ausländischer Würdenträger am Hofe des Schahs und die Vorführung der kostbaren Gastgeschenke: Pferde und Elefant. Die persische Buchmalerei des 16. Jahrhunderts hat mich schon als Kind fasziniert. In diesem Entwurf habe ich versucht, die typischen Merkmale dieser Miniatur-Malerei zu einem harmonischen Ganzen zu kombinieren. Der architektonische Aufbau basiert auf dem 6-Eck-Mosaik. Die Details sind authentisch, so z.B. die Gewänder und Turbane der Figuren, das Sattelzeug der Pferde und des Elefanten. Auch die Symbol-Lebensbäume im Hintergrund, das Mandelbäumchen und das Musikinstrument in der Mitte sind typisch. In diesem Wandteppich konnte ich meine Freude an reichem Dekor und kostbaren Stoffen (Seide, Samt, Brokat) voll ausleben.

Wandteppich »Jugendstilhaus München 1903«
165 × 190 cm

Foto Seite 90

Die Kunstrichtung der Jahrhundertwende hat viele Beispiele in der Architektur hinterlassen. Das abgebildete Jugendstilhaus steht heute noch in München. Die Proportionen und alle dekorativen Details meines Entwurfs sind mit dem Original identisch. Leider ist das Haus in einem einheitlichen Lehmton gestrichen; ich habe also die Farben nach meinen Vorstellungen gewählt und die damalige Vorliebe für sanfte beige-silbergraue und »verwitterte« lilafarbene Töne berücksichtigt. Die Fassaden sind teils stilgerecht aus nostalgischem

Plüsch und Seidensamt gearbeitet. Glänzende Seidenduchesse betonen das Fensterglas und Gold-Druckstoffe die Friese und Ornamente. Die Balkongitter oberhalb und unterhalb der Erker sind in dichter, breiter Applikationsraupe aus Gold-Effektfaden ausgeführt.

Wandteppich »Puppenhaus um 1920«
160 × 190 cm

Foto Seite 91

Diese Idee bewegte mich schon seit 5 Jahren, und seitdem sammelte ich Abbildungen alter Puppenmöbel der 20er Jahre und geeignete, altmodisch-gemusterte Jacquardstoffe für Fensterdraperien und Tapeten. Ein Vertreter-Musterbuch für klassische Möbelbezugstoffe war meine Fundgrube! Das technische Problem bestand darin, die verschieden großen Abbildungen der einzelnen Möbel durch entsprechende Vergrößerungen auf ein einheitliches Proportionsmaß zu bringen. Es war ein Riesenspaß, aus diesen typischen Möbeln eine Puppen-Inneneinrichtung zusammenzustellen. Die Details waren mir wieder besonders wichtig, z.B. die verschiedenen Lampen und Fensterdekorationen, die Spitzendecke auf dem runden Salontisch und auf dem Messingbett im Schlafzimmer, die alte Nähmaschine und der Ohrensessel im Speicher. Obwohl ich jedes Zimmer für sich appliziert, wattiert und abgesteppt habe, war die Arbeit mühsam, weil miniaturhaft. Der Messingkessel in der Küche ist z.B. nur 3 × 4 cm groß!

Seite 90: Wandteppich »Jugendstilhaus München 1903«

Seite 91: Wandteppich »Puppenhaus um 1920«

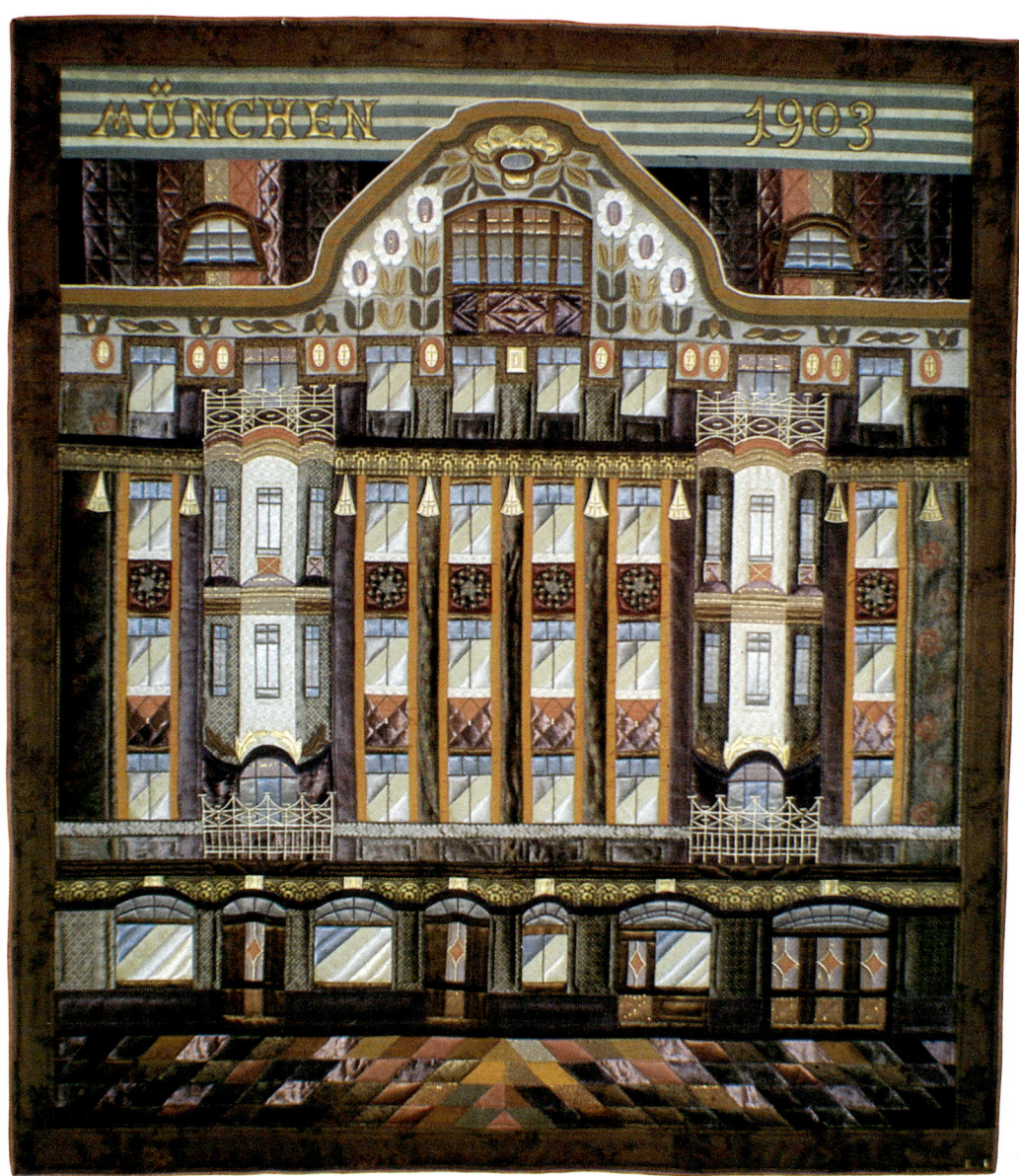

Wandteppich
»New Babylon«

Wandteppich »New Babylon«

170 × 210 cm   Foto links

Der Einfall zu diesem Wandteppich kam mir spontan beim Betrachten eines Fotobuches mit New Yorker Gebäuden. Der reizvolle Gegensatz der um 1930 entstandenen Bauwerke mit ihren verschiedenen Stilelementen zu den modernen Wolkenkratzern der 70er Jahre faszinierte mich ungeheuer. Mein Entwurf zeigt authentisch alle Bauwerke mit ihren ornamentalen Details, nur die Nah-Fern-Perspektiven sind frei abgewandelt, denn ich habe die Gebäude hoch »aufgetürmt«, um den Babylon-Charakter zu unterstreichen. Vor dem stumpfen, silbergrauen Hintergrund aus Duvetine wirken die Bauwerke mit ihren schimmernden, goldfarben betonten Ornamenten fast märchenhaft. Dieselben Stoffe wiederholen sich im dekorativen Ziegelstein-Rahmen.

Wandteppich »Urwald« Foto Seite 94

155 × 200 cm

Diesen Wandteppich habe ich im Auftrag eines Urwald-»Fans« gearbeitet. Nach dem Studium der Regenwald-Flora und -Fauna anhand von Fachbüchern mit naturgetreuen Abbildungen entstand der Entwurf mit Bäumen und Blattpflanzen, Orchideen, Papageien, Kolibris und einer hellschimmernden Lichtung im Hintergrund. Die Farbanlage war hier naturgegeben: leuchtendes Vogelgefieder und zartfarbene Orchideenblüten auf düsterem, olivfarbenem Urwald-Untergrund. Nur die Einzelmotive (Vögel und Blüten) sind mit Applikationsraupe appliziert. Für die großen, vielformig gezackten und gebogenen Blätter der Bäume und Pflanzen habe ich eine völlig andere Verarbeitungstechnik gewählt, die ich im Völkerkunde-Museum an den Zelten asiatischer Nomadenstämme entdeckte: Jedes Blatt wird doppelt zugeschnitten, einmal aus dem Oberstoff und einmal aus dünnem Batistfutter. Nach dem Zusammennähen wird an der Rückseite ein zentraler Schnitt angebracht, um das Teil durch die Öffnung wenden zu können. Danach wird das Blatt von rechts gebügelt und durch den rückwärtigen Schnitt mit »Zauberwatte« gepolstert. Das fertige Blatt wird auf seinen Platz auf den Untergrund gesteckt und mit 1 cm Kantenabstand (!) und kleiner Geradstichnaht aufgesteppt. Viele innere Absteppnähte, die Blattrippen markierend, erhöhen die plastische Wirkung. Einige große, lange Blätter sind nicht mit Futter verstürzt, sondern an den Kanten mit farbig abstechendem Schrägstreifen paspeliert und dann in der Paspelnaht mit Geradstich aufgenäht. Beide Techniken sind ideal, um durch die leicht hochstehenden Ränder den Eindruck von »losen Blättern« zu vermitteln.

Wandteppich »Urwald«

Handarbeiten – ein leichtes Vergnügen mit BLV

Barbara Krettek

Kinderkleidung selbst genäht

Hübsche Kinderkleidung muß nicht teuer sein – wenn man sie selber näht. Dieses Buch bietet Ihnen eine vielseitige »Kollektion« schmucker Kindersachen – einfach nachzuschneidern mit dem Schnittmusterbogen, der alle Grundmodelle und Variationen in 7 Kinder- und 3 Babygrößen enthält. Für welche Modelle Sie sich auch entscheiden: die Grundtechniken und Arbeitsabläufe werden immer Schritt für Schritt erläutert und in Zeichnungen dargestellt – Stoffvorbereitung, Schnittübertragen, Zuschneiden, alle Nähtechniken.

104 Seiten, 12 Farbfotos, 109 s/w-Zeichnungen, 1 Schnittmusterbogen

BLV Idee & Praxis – Freizeit gestalten 604

Irene Kahmann

Patchwork und Quilten

Ob als Bettüberwurf oder Wandbehang – fertige Patchwork-Quilts werden zu Recht als Kunstwerke bestaunt. Dieses Buch ermöglicht Ihnen, das dazu nötige handwerkliche Geschick und Können zu erwerben. Die einzelnen Patchwork- und Quilttechniken werden anhand von Beispielen und leicht nachvollziehbaren Anleitungen schrittweise erklärt. Und als weitere Anregung dienen die vielen Farbfotos, die die schönsten traditionellen Muster zeigen.

95 Seiten, 65 Farbfotos, 44 s/w-Fotos, 66 Zeichnungen

Elisabeth Eylmann

Das Dirndlbuch

Stilechte Dirndl sind im Handel rar. Dieses Buch verhilft Ihnen zu einem der begehrten »Original-Exemplare«: Ein Schnittmusterbogen und die Erläuterung aller Nähtechniken machen Ihnen die Dirndlschneiderei leicht. Die Anleitungen behandeln alle Teile des Dirndls: wie Mieder, Rock, Schürze und Bluse. Ein umfassendes Kapitel zeigt Ihnen das traditionelle Dirndl-Zubehör: Tücher, Schuhe, Strümpfe, Taschen und Schmuck.

2. Auflage, 107 Seiten, 26 Farbfotos, 55 Zeichnungen, 1 Schnittmusterbogen

BLV Verlagsgesellschaft München